普通高等教育卓越工程师培养"十三五"规划教材·模具系列

模具加工实践

王明伟　赵艳龙　编著

中国铁道出版社
CHINA RAILWAY PUBLISHING HOUSE

内 容 简 介

本书从模具加工实践应用角度全面论述了模具数控加工基本原理、数控机床、数控加工刀具、量具和夹具，电火花加工原理、工艺规律、电火花成型加工设备和操作、电火花线切割设备和操作、磨削加工基本原理和常用加工方法等。本书采用项目化讲解，精选了企业生产实际中典型的加工实例，使读者真正理解模具数控加工、放电加工和磨削加工方法，懂得如何去操作，提升实际的技能水平。

本书取材新颖，采用理论与实际相结合的方式，重点在于实用，提供了大量的企业生产实践经验，具有较强的指导性和实用性。本书适合作为高等院校材料成型及控制工程、模具、数控技术和机械等专业实践教学教材，也可供从事模具制造等行业的工程技术人员和技术工人参考。

图书在版编目（CIP）数据

模具加工实践/王明伟，赵艳龙编著．—北京：
中国铁道出版社，2018.12
普通高等教育卓越工程师培养"十三五"规划教材·模具系列
ISBN 978-7-113-25083-6

Ⅰ.①模… Ⅱ.①王… ②赵… Ⅲ.①模具-生产工艺-
高等学校-教材 Ⅳ.①TG760.6

中国版本图书馆 CIP 数据核字（2018）第 247819 号

书　　　名：模具加工实践	
作　　　者：王明伟　赵艳龙　编著	
策　　　划：潘星泉	读者热线：（010）63550836
责任编辑：曾露平　包　宁	
封面设计：刘　颖	
责任校对：张玉华	
责任印制：郭向伟	

出版发行：中国铁道出版社（100054，北京市西城区右安门西街8号）
网　　址：http://www.tdpress.com/51eds/
印　　刷：三河市宏盛印务有限公司
版　　次：2018年12月第1版　2018年12月第1次印刷
开　　本：787 mm×1 092 mm　1/16　印张：9.5　字数：228 千
书　　号：ISBN 978-7-113-25083-6
定　　价：30.00 元

前　　言

模具是工业生产的基础工艺装备，被称为"工业之母"。60%～90%的工业产品都需要使用模具进行加工，许多新产品的开发和生产在很大程度上都依赖模具，特别是机械、汽车、电子、化工、冶金、建材、塑料制品等行业。现代模具技术体现在模具设计和模具加工上，模具的质量与精度同样靠先进的机床和工艺以及优秀的模具工程师来保证。因此，出版《模具加工实践》这本教材，对加快应用型模具卓越工程人才培养十分必要。本书是根据教育部"卓越工程师教育培养计划"制定的工程人才培养标准，结合模具卓越工程师培养实践，由校企双方共同编写的规划教材，主要供高等院校材料成型及控制工程专业（模具方向）的学生使用，也可供从事模具制造等行业的工程技术人员、技术工人参考，亦可作为大中专院校模具专业培训教材。

本书以"理论适度、重在应用"为编写原则，以模具数控加工、放电加工和磨削加工必须掌握的基础知识和工程案例为核心内容。本书主要内容包括：数控加工基本原理、数控机床、数控加工刀具、量具和夹具，电火花加工原理、工艺规律、电火花成型加工设备和操作、电火花线切割设备和操作，磨削加工基本原理和常用加工方法等。

本书由大连工业大学机械工程与自动化学院王明伟和中国华录松下电子信息有限公司赵艳龙主编。大连工业大学齐晓冬、中国华录松下电子信息有限公司曲承第、迟军玉、张继国等参与了讨论或提供技术资料，并且提出了不少宝贵意见。同时也得到中国华录松下电子信息有限公司制造部各级领导的大力支持。本书在编写过程中参阅了国内外同行有关资料、文献和教材，在此一并表示衷心的感谢！

鉴于作者的编写水平和实践经验有限，书中难免有错误和不妥之处，恳切希望广大专家和读者批评指正。

编　者

2018 年 7 月

目　录

第一篇　模具数控加工

第二篇　模具电火花加工

第三篇　模具磨削加工

第一篇 模具数控加工

项目一 数控加工概述

【项目目的】

了解数控加工基础知识,掌握数控加工原理。

【项目内容】

- 数控机床的组成、加工特点和分类;
- 数控加工原理。

任务一 基 础 知 识

数字控制(Numerical Control,简称 NC 或数控)是指用数值数据的控制装置在运行过程中不断地引入数值数据,从而对某一生产过程实现自动控制。

数控机床(NC machine Tools)是指用数字化信号对机床的运动及其加工过程进行控制的机床,称作数控机床,一般称作 NC 机床。

数控系统(NC system)从广义上讲是指计算机数控装置、可控编程控制器(PLC)、进给驱动及主轴驱动装置等相关设备的总称;从狭义上讲仅指计算机数控装置。

计算机数控系统(Computerized NC,简称 CNC)是指用计算机控制加工功能,实现数值数据控制的系统。

微处理器数控(Micro-computerized NC,简称 MNC)是指用微处理器构成计算机数控装置,进行数值数据控制的系统。

1952 年 3 月美国麻省理工学院(MIT)公开宣布世界上第一台数控机床试制成功。此后,德国、英国、日本等都开始研制数控机床。当今世界著名的数控系统厂家有日本的法半兰克(FANUC)公司、德国的西门子(SIEMENS)公司、美国的 A-BOSZA 公司等。1959 年,美国 Keaney&Treckre 公司开发成功了具有刀库、刀具交换装置及回转工作台的数控机床。至此,新一代机床类型——加工中心(Machining Center)诞生了,并成为当今数控机床发展的主流。与普通机床相比,数控机床取代了普通机床的人工操控部分,将这一部分全部交给了 CNC 控制系统,有效地避免了人为因素的干扰,使零件的成品率大幅提高。

20 世纪 50 年代,MIT 设计了一种名为 APT(Automatically Programmed Tool)数控加工程序的语言。采用该语言编制数控程序具有程序简练,走刀控制灵活等优点。但 APT 仍有许多不便之处:采用语言定义零件几何形状,难以描述复杂的几何形状;缺少直观图形显示;难以和 CAD 数据库和 CAPP 系统有效连接等。对此,1978 年,法国达索飞机公司开始开发集三维设计、分析、NC加工一体化的系统,称为CATIA。随后很快出现了如EUCLID、UGII、INTERG-RAPH、Pro/Engineering、MasterCAM及NPU/GNCP等系统。目前为了适应计算机集成制造系统(CIMS)及并行工程(CE)发展的需要,数控编程系统正向高速高精化、智能化、开放性和可重构方向发展。

一、数控机床的组成

数控机床一般由数控系统和机床本体组成,如图1.1所示。

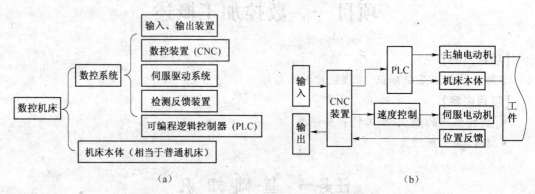

图1.1 机床基本组成及其关系

1. 输入、输出装置

这种装置是一种将零件加工信息传送到数控装置中的程序载体。根据数控装置类型的不同而不同,常用的有移动U盘、硬盘、网络及MDI手动输入等,如图1.2所示。

图1.2 输入、输出装置

2. 数控装置

数控装置(Digital Controller,简称DC)是数控机床的中枢,在普通数控机床中一般由输入装置、存储器、控制器、运算器和输出装置组成。数控装置接收输入介质的信息,并将其代码加以识别、储存、运算、输出相应的指令脉冲以驱动伺服系统，进而控制机床动作。

计算机数控系统(Computerized Numerical Control,简称CNC)是用计算机控制加工功能,实现数值控制的系统。CNC系统根据计算机存储器中存储的控制程序,执行部分或全部数值控制功能,并配有接口电路和伺服驱动装置的专用计算机系统。通过利用数字、文字和符号组成的数字指令来实现一台或多台机械设备动作控制,它所控制的通常是位置、角度、速度等机械量和开关量。图1.3所示为某数控机床的数控装置。它由输入装置(如键盘)、控制运算器和输出装置(如显示器)等构成。

3. 伺服机构

数控机床的伺服驱动系统分主轴和进给伺服驱动系统。前者用于控制机床主轴的旋转运动,后者用于机床工作台或刀架坐标的控制系统,控制各坐标轴的切削进给运动,主要组成部分为伺服电动机与驱动器,如图1.4所示。

图1.3　数控装置(CNC)　　　　　　　　图1.4　伺服电动机与驱动器

4. 检测装置

检测反馈装置将数控机床各个坐标轴的实际位移量、速度参数检测出来,转换成电信号,并反馈到机床的数控装置中。检测装置的检测元件有多种,常用的有直线光栅、光电编码器、圆光栅、绝对编码尺等,如图1.5所示。

5. 可编程控制器(PLC)

介于数控装置和机床机械、液压部件之间的控制系统,主要作用除了进行速度和位置控制外,还要完成程序中指定的动作。如主轴电动机的启、停和变速、刀具的选择和交换、冷却泵的开关、工件的装夹等。这是由于PLC(见图1.6)具有响应快、性能可靠、易于编程和修改等优点,所以在机床中得到了广泛应用。

6. 机床本体

机床本体是数控机床的主体,它是用于完成各种切削加工的机械部分,包括主运动部件、进给运动执行部件和床身、立柱、支承部件等。一般具有功率大、刚度好、传动路线短、能自动变速等特点。有的还配有自动刀库,可在加工途中自动更换刀具。

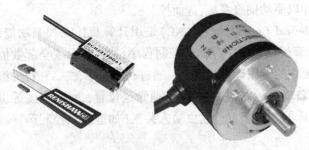

图 1.5 直线光栅与光电编码器

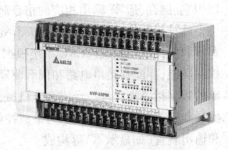

图 1.6 可编程控制器(PLC)

二、数控机床的加工特点

1. 加工精度高,稳定可靠

数控机床是按照数字形式给出的指令进行加工的,加工过程中不需人工干预,消除了操作者人为造成的误差。数控机床本身的刚度好,精度高,精度保持性好,零件的加工一致性好,质量稳定可靠。同时数控机床还可利用软件进行误差补偿和校正,这也保证了数控加工的高精度。

2. 加工适应性强

数控机床能够实现多坐标轴联动,加工程序可按被加工零件的要求而变换,而机床本体不必调整,适合多品种、小批量、高生产率的生产需要。

3. 自动化程度高

在数控机床上加工零件时,除了手工装夹毛坯外,全部加工过程都在机床上自动完成,既减轻了操作者的劳动强度,又改善了劳动条件。

4. 生产效率高

数控机床可以采用比普通机床更大的切削用量、更快的移动速度、更短的换刀时间,这些都可以大大地缩短数控机床的加工时间和辅助时间。同时数控机床可以实现自动化加工、多道工序连续加工等,大大提高了生产效率。综合而言,数控机床的加工效率一般为普通机床的3~5倍,对某些复杂零件的加工,生产效率可提高十几倍或几十倍。

5. 有利于实现管理现代化

数控机床可以方便地实现和计算机的连接,并实现多个机床的联网,可以采用中央计算机对多个数控机床进行控制,实现生产管理的现代化。

三、数控机床分类

1. 按照工艺用途分类

数控机床是机电一体化的典型产品,是集机床、计算机、电动机及拖动、自动控制、检测等技术为一体的自动化设备。由于零件是多种多样的,因此,数控机床的种类繁多。在机械加工机床方面有数控车床、数控铣床、数控钻床、数控磨床、加工中心;在塑性加工机床方面有数控冲床、数控折弯机等;在特种加工方面有电火花线切割、激光加工机床等;在非加工设备中也大量采用了数控技术,如三坐标测量机、工业机器人等。

2. 按照运动方式分类

（1）点位控制数控机床

点位控制数控机床移动时不进行加工，仅进行快速定位运动，中间无轨迹要求，只要求从一点准确到达指定的加工坐标点位置即可，主要用于数控钻床、数控冲床及数控坐标镗床等。图 1.7 所示为点控制机床移动示意图。

（2）直线控制数控机床

直线控制数控机床不仅要求控制位移终点的坐标，还要保证被控制的位移是以制定的速度，沿着平行于某坐标轴或某坐标轴呈 45°的斜线方向进行直线切削加工，主要用于数控车床、简易数控镗铣床和一些加工中心上。图 1.8 所示为直线控制机床加工示意图。

（3）轮廓控制数控机床

轮廓控制又称连续控制，该类机床加工时能对刀具相对于零件的运动轨迹进行连续控制，可以加工任意斜率的直线、圆弧，采用逼近法还能加工抛物线、椭圆等二次曲线及列表曲线和样条曲线等。这种控制方式多采用两坐标或多坐标联动控制，可加工任意形状的曲线或型腔，主要用于数控铣床、车削中心、数控线切割机床等。图 1.9 所示为轮廓控制机床加工示意图。

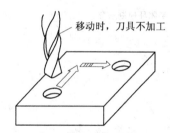 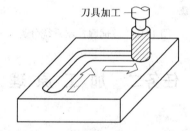 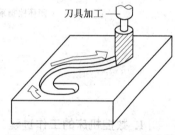

图 1.7 点控制机床移动示意图　　图 1.8 直线控制机床加工示意图　　图 1.9 轮廓控制机床加工示意图

3. 按控制方式分类

（1）开环控制方式

如图 1.10（a）所示，开环控制方式是一种不带位置测量反馈装置的控制系统，控制装置输出信号是单向的。开环控制通常选用步进电动机做驱动元件，其转角和转速分别由输入脉冲的数量和频率决定。

由于开环控制系统没有位置反馈和校正系统，工作台的位移精度完全取决于步进电动机的旋转角度和机械传动系统的传动精度，因而精度较低。但由于其成本低，线路简单，调整方便，适用于一般精度要求不高的中小型数控机床。

（2）闭环控制方式

如图 1.10（b）所示，闭环控制方式是一种在机床移动部件上直接安装有位置测量反馈元件的控制方式。它通过比较移动部件的实际位移和加工程序中规定的位置信息，以其差值来控制伺服电动机工作，只有差值为零时伺服电动机才停止旋转。这样就可补偿伺服系统和机械系统的误差，因而精度很高，常用于高精度数控机床。

（3）半闭环控制方式

如图 1.10（c）所示，半闭环控制方式是一种将位置测量反馈元件（如旋转变压器）安装在丝杠上的控制方式。这样取得的反馈信息不是直接取自于机床运动部件,而是取自于丝杠或伺服电动机的转角。这种方式只补偿伺服系统的误差,不校正机械系统的误差,其精度介于开环控制和闭环控制之间。由于其成本相对较低,调试方便,且系统容易稳定,因此应用比较广泛。

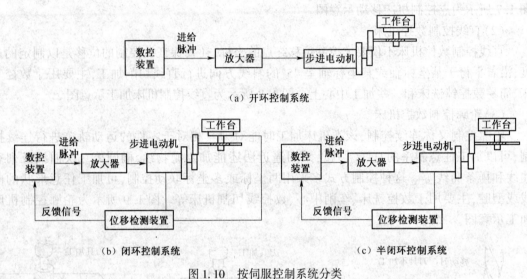

图 1.10 按伺服控制系统分类

任务二 加 工 原 理

1. 数控机床的工作过程

数控装置内的计算机对输入的指令程序段进行一系列处理后,再通过伺服系统及可编程序控制器向机床主轴及进给等执行机构发出指令,机床主体则按照这些指令,并在检测反馈装置的配合下,对工件加工所需的各种动作,如刀具相对于工件的运动轨迹、位移量和进给速度等实现自动控制,从而完成工件的加工。加工流程如图 1.11 所示。

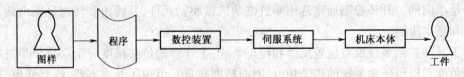

图 1.11 加工流程图

2. 数控原理

脉冲由脉冲发生器产生,控制系统控制脉冲发送的数量和时机等,伺服系统按给定的脉冲数量控制数控机床每个方向按脉冲当量,从而精确地前进一定的距离。

3. 编程概述

数控编程就是把零件的工艺过程、工艺参数、机床的运动以及刀具位移等信息用数控语言记录在程序单上,并经校核的全过程。数控编程可分为机内编程和机外编程。机内编程是指利用数控机床本身提供的交互功能进行编程,机外编程是指脱离数控机床本身在其他设备上进行编程。机内编程的方式随机床的不同而异，可以"手工"方式逐行输入控制代码（手工编程）、交互式输入控制代码（会话编程）、图形方式输入控制代码（图形编程），甚至可以用语音方式输入控制代码（语音编程）或通过高级语言方式输入控制代码（高级语言编程）。但机内编程一般来说只适用于简单形体，而且效率低。

机外编程也可以分为手工编程、计算机辅助 APT 编程和 CAD/CAM 编程等方式。机外编程由于其可以脱离数控机床进行数控编程，相对于机内编程来说效率高，是普遍采用的方式。

数控编程的主要内容包括：分析零件图纸，进行工艺处理，确定加工工艺过程；数学处理，计算刀具中心运动轨迹，获得刀位数据；编制零件加工程序；制备控制介质；校核程序及首件试切。数控编程的步骤如图 1.12 所示。

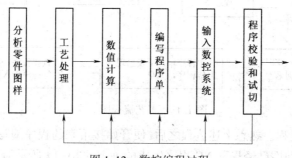

图 1.12　数控编程过程

（1）分析零件图样，确定加工过程

在确定加工工艺过程时，编程人员要根据零件图样对零件的材料、形状、尺寸、技术要求进行分析，然后选择加工方案、确定加工顺序、加工路线、装卡方式、刀具及切削参数等。

（2）数值计算

根据零件的几何形状，确定走刀路线及数控系统的功能，计算出刀具运动的轨迹，得到刀位数据。数控系统一般都具有直线与圆弧插补功能。

（3）编制零件加工程序单

加工路线、工艺参数及刀具运动轨迹确定后，编程人员可以根据数控系统规定的指令代码及程序格式，编写零件加工程序单。此外，还应填写有关工艺文件，如数控加工工序卡片、数控刀具卡片、数控刀具明细等。

（4）程序输入数控系统

由于程序单仅为程序设计的文字记录，还必须通过一定的方法将其输入数控系统。通常输入方法有下面几种。

①手动数据输入：按所编程序单的内容，通过数控系统键盘上的数字、字母、符号键进行逐段输入，同时利用 CRT 显示内容来进行检查。

②利用控制介质输入：控制介质多采用穿孔纸带、磁带磁盘等。可分别用光电纸带阅读机、磁带收录机、磁盘软驱等装置将程序输入数控系统。

③通过机床的通信接口输入：将编制好的程序，通过计算机与机床控制通信接口连接直接输入数控机床的控制系统中。

（5）程序校验与首件试切

数控加工的指令程序编制有三种途径：①手工编写；②数控语言辅助编写；③CAD/CAM软件自动编写。

在进行程序编写之前加工人员首先需要了解零件的加工流程。

①工艺流程。图1.13较为详尽地说明了从图纸到零件的加工过程。

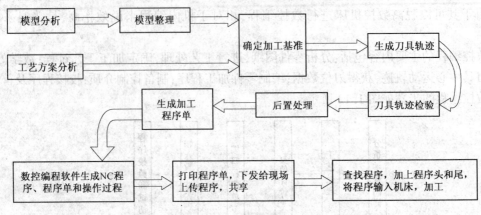

图1.13 工艺流程图

②数控程序编制过程。熟悉上述流程之后，便开始接下来的程序编写，参照企业模式程序生成过程（图1.14）。前面已经提到NC程序生成的种类，图1.14所示为CAM（计算机辅助制造系统）自动生成的加工指令序列——NC程序。

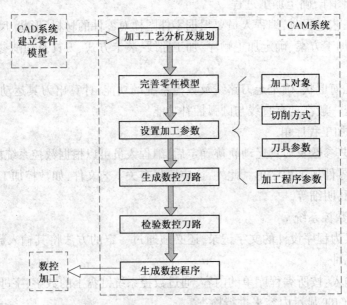

图1.14 NC程序生成图

③程序基本格式。程序段是指按照一定顺序排列，能使数控机床完成特定动作的一组指令。指令是由具有一定功能的地址字符和数字组成的。下面就是程序段的格式，对各字母含意进行简要介绍见表1.1。

表1.1 字母代码功能

字母	功能	说 明
N	程序段代码	该字母后接四位数字0000~9999
G	功能指令代码	字母后一般接两位数字00~99,刀具控制方式及坐标设定等
X、Y、Z	位移坐标	未改变的坐标分量在程序段中可省略
U、V、W	——	刀具相当于当前点在X、Y、Z三坐标方向上的位移增量
I、J、K	——	圆弧的圆心相对于圆弧起点在X、Y、Z三个方向上的增量坐标
R	圆弧半径	
T	刀具代码	后面一般接两位数字00~99,常用M06配合使用
H、D	刀具补偿代码	H刀具长度补偿值,D半径补偿穿值
S	S主轴转速指令	后接整数,转/分(r/min)
M	辅助功能指令代码	请参考相关书籍
P、L、Q	——	请参考相关书籍,因控制系统差异而不同
F	刀具进给指令代码	转速,单位mm/min
;、*、$、LF	程序结束标志	因控制系统不同而不同

备注:数控程序由三个部分组成,程序名、程序内容和程序结束。例如:

O0052		程序名
N10	T0103;	
N20	M03 S400;	程序内容
N30	G00 X20 Y10;	
N40	M30;	程序结束

◆ 在程序的开始必须冠以程序名:

FANUC系统:O****(字母O加四个数字)。

SIEMENS系统:AB****(程序开始两个字符必须是字母)。

HNC系统:O****(字母O加若干个字母或数字)。

◆ 程序段号用N表示,段号可以不写并不影响程序的执行。

◆ 程序的最后必须用"M30或M02"等结束,否则系统报警。

N__ G__ X_Y_Z_ I_J_K_ T_H_S_M_P_L_Q_F_ U_V_W_R_D_ LF

值得注意的是一个完整的程序段必须由三段组成,准备程序段、加工程序段和结束程序段。关于G指令与M指令在第二篇放电加工中会有相应介绍,详细用法还请参阅相关资料。

4. 数控机床坐标

(1)数控机床坐标系的作用

数控机床坐标系是为了确定工件在机床中的位置、机床运动部件的位移位置及运动范围,即描述机床运动,产生数据信息而建立的几何坐标系。通过机床坐标系的建立,可确定机床各部件之间的位置关系,获得所需的相关数据。

(2)数控机床坐标系确定方法

①假设:工件固定,刀具相对工件运动。

②标准:右手笛卡尔直角坐标系——拇指为X向,食指为Y向,中指为Z向,如图1.15所示。

③顺序:先 Z 轴,再 X 轴,最后 Y 轴。

Z 轴:与主轴回转中心线重合;

X 轴:与工件装夹面平行,一般为水平的,其方向稍稍复杂。

工件旋转类。如车床,X 轴为径向,与横导轨平行,刀具离开工件方向为正。

刀具旋转类。如铣床、钻床等,可分为两种情况:Z 轴是水平的,由刀具主轴向工件看(也即对着 Z 轴箭头看)。向右为正 X 方向;Z 轴为垂直的,正对着 Z 轴箭头方向,按操作者的操作位置去看,向右为正 X 方向。

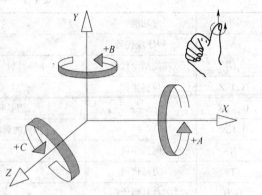

图 1.15 右手螺旋法则

Y 轴:根据已确定的 X、Z 轴,按右手直角笛卡尔坐标系确定 Y 轴。

平行于 X,Y,Z 的第二坐标分别用 U,V,W 表示,第三坐标分别用 P,Q,R 表示。

X、Y、Z 轴上的旋转运动分别用 A、B、C 表示,其正方向由右手螺旋法则确定。

④方向:退刀即远离工件方向为正方向。

(3)数控机床坐标系的坐标原点

机床原点:数控机床都有一个基准位置,称为机床原点,是机床制造商设置在机床上的一个物理位置,通常不允许用户改变。机床原点是工件坐标系、机床参考点的基准点。

机床参考点:参考点是机床上的一个固定点,通常不同于机床原点。一般来说,加工中心的参考点设在工作台位于极限位置时的一基准点上。一般地,机床开机前,必须先进行回参考点动作,各坐标轴回零,才可建立机床坐标系。

工件原点(编程原点):工件坐标系是在数控编程时用来定义工件形状和刀具相对工件运动的坐标系。工件坐标系的原点称为工件原点或编程原点,数控车床上加工工件时,工件原点一般设在主轴中心线与工件右端面(或左端面)的交点处。数控铣床加工工件时,工件原点一般设在进刀方向一侧工件外轮廓表面的某个角上或对称中心上。

项目二 数控机床用刀具与切削液

【项目目的】

了解数控机床所使用刀具,熟悉常用切削液。

【项目内容】

数控机床刀具种类与使用原则,对切削液的认知。

任务一 数控切削刀具

1. 数控切削刀具的基本要求

数控刀具成为现代数控加工技术的关键技术,与普通机床上所用的刀具相比,数控刀具有许多不同的要求。数控加工常用刀具主要有以下特点:

(1)刚性好(尤其是粗加工刀具),抗震及热变形小,有较高的精度和重复定位精度。

(2)互换性好,同一品种规格刀具的几何形状、尺寸精度基本一致,便于快速换刀。

(3)寿命高,切削性能稳定、可靠,有很高的可靠性和尺寸耐用度。

(4)刀具的尺寸便于调整,以减少换刀调整时间;刀具的调整、装夹应简单、方便。

(5)刀具应能可靠地断屑或卷屑,以利于切屑的排除。

(6)刀具应具有高复合性,具有完善的工具系统。

(7)刀具在加工中的磨损、破损情况应有在线监控、预报和尺寸补偿系统。

(8)刀具应具有较高的生产效率。现代机床向着高速度、高刚度和大功率方向发展,要求刀具有承受高速切削和大进给量的能力,以提高生产效率。

(9)刀具系列化、标准化,有刀具管理系统,以利于编程和刀具管理。

数控加工刀具必须适应数控机床高速、高效和自动化程度高的特点,一般应包括通用刀具、通用连接刀柄及少量专用刀柄,刀柄连接刀具并装夹在机床的主轴头上。

2. 数控刀具的类型

数控刀具的分类有多种方法,最常用的是按照切削工艺进行分类。

(1)车削刀具(车刀)

车刀分为外圆、内孔、螺纹、切断、切槽刀具、成型车刀等多种。常用车屑刀具,有高速钢整体刃磨刀具、硬质合金焊接刀具、机夹可转位刀具等。目前,在数控加工中机夹可转位刀具的应用非常普遍,采用该种刀具可大大缩减工艺辅助时间,提高切削效率。车削刀具如图 2.1 所示。

(2)铣削刀具

常见的铣削刀具如图 2.2~图 2.4 所示。

①面铣刀。面铣刀圆周表面和端面上都有切削刃,端部切削刃为副切削刃。因为铣刀尺寸一般较大,很少做成整体式,多制成套式镶齿结构,刀具材料为高速钢或硬质合金,刀体为

40Cr。硬质合金面铣刀与高速钢面铣刀相比,铣削速度较高,加工效率高、加工表面质量好,并可加工带有硬皮和淬硬层的工件,多用来加工零件较大的平面结构,所以得到广泛的应用。

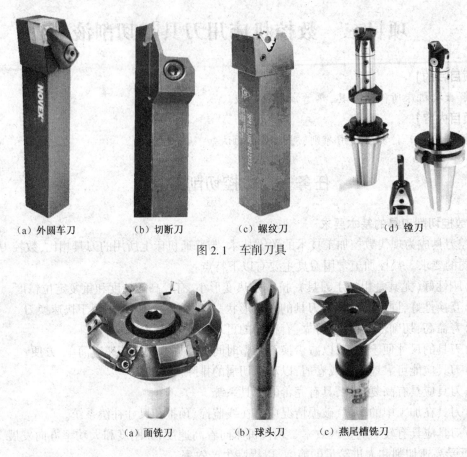

（a）外圆车刀　　　（b）切断刀　　　（c）螺纹刀　　　（d）镗刀

图 2.1　车削刀具

（a）面铣刀　　　（b）球头刀　　　（c）燕尾槽铣刀

图 2.2　铣削刀具之一

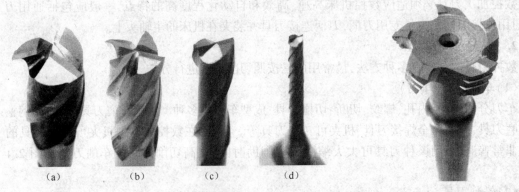

（a）　　　　（b）　　　　（c）　　　　（d）

图 2.3　铣削刀具之二(各种立铣刀)　　　图 2.4　成形铣刀(主要用于铣 T 形槽)

②立铣刀。立铣刀是数控加工用得最多的一种铣刀,分整体式和机夹可转位刀片式。立铣刀圆柱表面的切削刃为主切削刃,端面上的切削刃为副切削刃,主切削刃一般为螺旋齿,可

增加切削过程中的平稳性,提高加工精度。由于普通立铣刀端面中心处无切削刃,立铣刀不能作轴向进给。通常小规格($\phi 4 \sim \phi 16$ mm)立铣刀制成整体式,而 $\phi 16$ mm 以上的立铣刀制成焊接式或机夹可转位式。

③模具铣刀。模具铣刀分为圆锥形立铣刀、圆柱形球头立铣刀和圆锥形球头立铣刀等几种。刀柄有直柄、削平型直柄和莫式锥柄三种。模具铣刀大多用来加工各种模具型腔及曲面,其圆周及球面部分都有切削刃,可作径向和轴向进给。除整体式模具铣刀外,还有机夹可转位模具铣刀。

④键槽铣刀。键槽铣刀结构上类似立铣刀,通常有两个刀齿,圆柱面和端面都有切削刃,端面切削刃延伸至中心,加工过程中既像立铣刀、又像钻头。加工时先轴向进给至槽深,然后沿长度方向铣出键槽全长。

(3)钻、铰削刀具

钻、铰削刀具包括钻头、铰刀等,其中直柄麻花钻最为常用。

(4)螺纹刀具

对于公称尺寸较大的内外螺纹,多采用螺纹车刀车削加工;而对于公称尺寸较小的螺纹,多采用板牙、丝锥进行加工。

(5)镗削刀具

数控铣床上用的镗孔刀具与数控车床上用的内孔刀具在结构上相似,只是刀柄结构不同,通常数控铣床上用的镗刀大部分为圆柱直柄镗刀。根据加工精度不同分为粗镗刀、精镗刀。

3. 数控刀具的合理选用

(1)车削刀具的选用

①确定工序类型:外圆/内孔。

②确定加工类型:外圆车削/端面车削/仿形车削/插入车削。

③确定刀具夹紧系统。

④选定刀具类型。

⑤确定刀杆尺寸:16/20/25/32/40。

⑥选择刀片:数控车削加工多使用机夹可转位刀具,刀具的选择主要是刀片的选择,即刀片材料的选择、刀片尺寸的选择、刀片形状的选择、刀片刀尖半径的选择。

(2)铣削刀具的选择

①铣刀类型的选择。铣刀类型应与被加工工件的尺寸与表面形状相适应,加工较大的平面应选择面铣刀;加工凸台、凹槽及平面轮廓应选择立铣刀;加工毛坯表面或粗加工孔可选择镶硬质合金的铣刀,加工曲面可采用球头铣刀;加工曲面较平坦的部位可采用环形铣刀;加工空间曲面、模具型腔或型芯成形表面多采用模具铣刀;加工封闭的键槽选择键槽铣刀。

②铣刀参数的确定。面铣刀粗铣时刀具直径应小些;精铣时,铣刀直径应大些,尽量包容整个加工宽度。立铣刀应根据工件的材料、刀具的加工性质选择合适的刀具参数(直径、前角、后角、长度等)

4. 数控刀具材料

目前数控机床刀具所采用的刀具材料主要有高速钢、硬质合金、陶瓷、立方氮化硼和聚晶金刚石。如表 2.1 所示,上述几类刀具材料,从总体上来说,从材料的硬度、耐磨性方面看,金刚石为最高,立方氮化硼、陶瓷、硬质合金到高速钢依次降低;而从材料的韧性来看,则高速钢最高,硬质合金、陶瓷、立方氮化硼、金刚石依次降低。

表 2.1　刀具材料及特性

材　料	主要特性	用　途	优　点
高速钢(HSS)	比工具钢硬	低速或不连续切削	刀具寿命较长,加工的表面较平滑
高性能高速钢	强韧、抗边缘磨损性强	可粗切或精切几乎任何材料,包括铁、钢、不锈钢、高温合金、非铁和非金属材料	切削速度可比高速钢高,强度和韧性较粉末冶金高速钢好
粉末冶金高速钢	良好的抗热性和抗碎片磨损	切削钢、高温合金、不锈钢、铝、碳钢及合金钢和其他不易加工的材料	切削速度可比高性能高速钢高15%
硬质合金	耐磨损、耐热	可锻铸铁、碳钢、合金钢、不锈钢、铝合金的精加工	寿命比一般传统碳钢高20倍
陶瓷	高硬度和耐热冲击性好	高速粗加工,铸铁和钢的精加工也适合加工有色金属和非金属材料不适合加工铝、镁、钛及其合金	高速切削速度可达5 000 m/s
立方氮化硼 CBN	超强硬度和耐磨性好	硬度大于450HBW 材料的高速切削	刀具寿命长
聚晶金刚石	超强硬度和耐磨性好	粗切和精切铝等有色金属和非金属材料	刀具寿命长

任务二　刀具使用原则

数控机床中刀具的种类与数量繁多,选用合适刀具不仅可以提高零件的质量,而且可以提高设备的加工效率。如果零件结构比较简单,多种类型的刀具均可完成加工时,就面临刀具选择的问题;同样地,如加工零件结构复杂,则在加工过程中需要不断地更换不同类型的刀具,这时仍然会面临刀具选择的问题,即通过哪些原则可以快速高效地加工符合要求的零件或工件,见表 2.2。

表 2.2　刀具选用原则

原　则	注 意 事 项
尽量使用大的刀具	注意避免大刀干小活,小刀干大活
使用平底圆角刀(牛鼻刀)进行粗加工	需考虑刀具寿命,单一程序加工时间要合理
球刀用于曲面、非标准斜面及小范围内各种标准斜面组合的精加工	排刀距离应以残余高度为准,不宜过密
用角度刀加工标准角度面	一般情况,角度刀只用作精加工
用平底刀加工平面	刀具大小应适当,排刀距离应不大于刀具半径
加工顺序为先大刀,后小刀	①粗加工中残余参考加工的刀具应该不小于前一刀具的二分之一; ②最后一刀具应加工到理论和刀具条件满足的最小尺寸,以使得加工余量均匀,且不大于精加工该部位的刀具

原　则	注　意　事　项
保证刀具规格齐全,使用最短的刃长、最短的夹持	实现最好的刚性。避免长刀加工浅处
编程时刷新刀具库	合理利用现有刀具,避免因无合适刀具而影响生产
积极采用最新刀具	提高加工效率和加工极限

备注:1. 刀具材料的进步对高速切削加工的发展起了很大的作用;

　　　2. 专用的刀具可延长刀具的寿命、保证加工质量;

　　　3. 高速切削领域,当前主要使用:

　　　(1)TiC(N)基硬质合金(即金属陶瓷)刀具。

　　　(2)涂层刀具。

　　　(3)超硬材料(如 Regular Grain, Micro Grain, Super MicroGrain,CBN)刀具。

任务三　切　削　液

切削液是一种用在金属切、削、磨工工作过程中,用来冷却和润滑刀具和加工件的工业用液体。图 2.5 所示为桶装铣加工用水溶性切削液。切削液由多种超强功能助剂复合配制而成,同时具备良好的冷却性能、润滑性能、防锈性能、除油清洗功能、防腐功能、易稀释特点,并且具备无毒、无味、对人体无侵蚀、对设备不腐蚀、对环境不污染等特点。

图 2.5　桶装铣加工用水溶性切削液

1. 切削液的分类

从表 2.3 中亦可以看到,切削液的主要作用:润滑、冷却、清洗和防锈。

表 2.3　切削液分类

分　类	组成与作用
非水溶性切削液	主要是切削油,各种矿物油,如机械油、轻柴油、煤油等;还有动、植物油,如豆油、猪油等
水溶性切削液	主要成分为水,并加入防锈剂,也可加入适量的表面活性剂和油性添加剂,使其具有一定的润滑性能
乳化液	由矿物油、乳化剂及其他添加剂配制的乳化油加 95% ~98% 的水稀释而成的乳白色切削液,有良好的冷却性能和清洗作用;

2. 切削液添加剂

切削液通常是多种添加物的溶液,它的构成影响着其使用性能,常用添加物及性能见表 2.4。

表 2.4　切削液中添加剂种类与特性

分　类	构　成	作　用
油性添加剂	动、植物油、脂肪酸、胺类、醇类、脂类等	含有极性分子,能与金属表面形成牢固的吸附薄膜,在较低速度下起到较好的润滑作用,主要用于低速精加工

分　类	构　成	作　用
极压添加剂	含硫、磷、氯、碘等的有机化合物	在高温下与金属表面起化学反应，形成化学润滑膜，比物理吸附膜耐高温性好，能防止金属界面直接接触，减小摩擦，保持润滑作用
表面活性剂（即乳化剂）	常用的有石油磺酸钠、油酸钠皂等	表面活性剂能吸附在金属表面上，形成润滑膜，起油性添加剂的润滑作用；另外，它的乳化性能好，且具有一定的清洗、润滑、防锈性能
防锈添加剂	水溶性的，如碳酸钠，三乙醇胺等；油溶性的，如石油磺酸钡等	一种极性很强的化合物，与金属表面有很强的附着力，吸附在金属表面形成保护膜，或与金属表面化合成钝化膜，起防锈作用

3. 切削液的选用

切削液的使用效果除取决于切削液的性能外，还与刀具材料、加工要求、工件材料、加工方法等因素有关，应综合考虑合理选用（表 2.5）。

表 2.5　切削液的选择

依据	切削液选用		
刀具材料、加工要求	高速钢刀具	粗加工	切削用量大，切削热多，容易导致刀具磨损，应选用以冷却为主的切削液
		精加工	获得较好的表面质量，可选用润滑性好的极压切削油或高浓度极压乳化液
	硬质合金刀具		耐热性好，一般不用切削液，如必要，也可用低浓度乳化液或水溶液
工件材料	钢等塑性材料		需用切削液
	铸铁等脆性材料		一般不用
	高强度钢、高温合金		加工时均处于极压润滑摩擦状态，应选用极压切削油或极压乳化液
	铜、铝及铝合金		为了得到较好的表面质量和精度，采用 10%～20% 的乳化液、煤油或煤油与矿物油的混合液； 切削铜时不宜用含硫的切削液，因为硫会腐蚀铜； 有的切削液与金属能形成超过金属本身强度的化合物，给切削带来相反的效果，如切铝时就不宜用硫化切削油
加工工种	钻孔、攻丝、铰孔、拉削等		采用乳化液、极压乳化液和极压切削油
	成形刀具、齿轮刀具等		采用润滑性好的极压切削油或高浓度极压切削液
	磨削加工温度高，表面质量要求高		常用半透明的水溶液和普通乳化液
	磨削不锈钢、高温合金		宜用润滑性能较好的水溶液和极压乳化液

综上所述，切削液种类、添加剂及选用依据需要结合企业生产实际情况来加以确定，在模具生产中，加工构件所适合的切削液类型见表 2.6。

表 2.6 切削液的应用

模具部件	切 削 液
板材加工	普通乳化液:EC2000 乳化液
镶块加工	极压性切削液(高速加工):壳牌斯特莱
铜电极加工	抗氧化切削液:4100 铜材切削液

项目三 常用量具

【项目目的】

认识常用量具,熟悉一些量具的使用。

【项目内容】

量具种类与使用方法。

任务 量具认识及使用

量具是数控加工中常用的检测与测量工具,可以用来检验加工后工件的尺寸。零件形状通常千差万别,因此,检测与测量工具也不尽相同。充分挖掘工具的使用性能,有助于得到符合尺寸与技术要求的零件,下面简要介绍这些测量工具的使用方法。

鉴于图 3.1 所示的几种测量工具在其他课程中均已有介绍,因此,这几种测量工具的使用方法在此不再赘述。重点介绍下面几种工具的用途及注意事项。

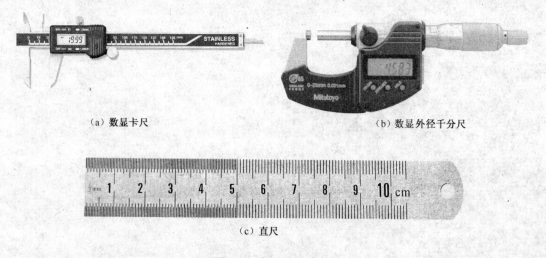

（a）数显卡尺   （b）数显外径千分尺

（c）直尺

图 3.1 常用测量工具

①使用前应先把卡尺量爪和被测工件表面的灰尘、油污等擦拭干净,以免碰伤游标卡尺量爪面和影响测量精度;

②检查卡尺零位,使卡尺两量爪紧密贴合,同时观察零刻线与尺身零刻线是否对准,游标的尾刻线与尺身的相应刻线是否对准。

一、内径千分尺

内径千分尺如图 3.2 所示。用于内孔尺寸的精密测量(分单体式和接杆)。

1. 工作原理

通过螺旋传动,将被测尺寸转换为丝杆的轴向位移和微分套筒的圆周位移,从固定套筒刻度和微分套筒刻度上读取测量头和测杆测量面间的距离。

2. 刻度原理

①固定套筒最小刻度间隔:1 格 = 0.5 mm;

②微分套筒最小刻度间隔:1 格 = 0.005 mm(微分套筒旋转一周,测杆轴向位移为0.5 mm,即固定套筒刻度1格),如图3.3所示。

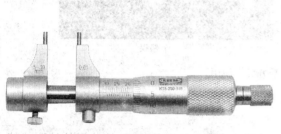

图 3.2　内径千分尺

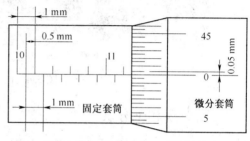

图 3.3　内径千分尺的刻度

3. 读数方法

以微分套筒的基准线为基准读取左边固定套筒毫米数和半毫米数,再以固定套筒基准线读取微分套筒刻度线上与基准线对齐的刻度,即为微分套筒刻度值将固定套筒刻度值与微分套筒刻度值相加,即为测量值。

4. 内径千分尺正确测量方法

①应采用鉴定合格的标准环规校对零位。内径千分尺在测量及其使用时,必须用尺寸最大的接杆与其测微头连接,依次顺接到测内径千分尺量触头,以减少连接后的轴线弯曲。

②测量时应看测微头固定和松开时的变化量。

③在日常生产中,用内径尺测量孔时,将其测量触头测量面支撑在被测表面上,调整微分筒,使微分筒一侧的测量面在孔的径向截面内摆动,找出最小尺寸。然后拧紧固定螺钉取出并读数,也有不拧紧螺钉直接读数的。这样就存在着姿态测量问题。姿态测量:即测量时与使用时的一致性。例如:测量 75 ~ 600/0.01 mm 的内径尺时,接长杆与测微头连接后尺寸大于125 mm 时。其拧紧与不拧紧固定螺钉时读数值相差 0.008 mm,即为姿态测量误差。

④内径千分尺测量时支承位置要正确。测量孔时,用测力装置转动微分筒,使量爪在径向的最大位置处与工件相接触;不得把两量爪当作固定卡规使用,如图3.4所示,以免量爪的量面加快磨损。接长后的大尺寸内径尺重力变形,涉及直线度、平行度、垂直度等形位误差。其刚度的大小,具体可反映在"自然挠度"上。理论和实验结果表明由工件截面形状所决定的刚度对支承后的重力变形影响很大。如不同截面形状的内径尺其长度 L 虽相同,当支承在(2/9)L 处时,都能使内径尺的实测值误差符合要求。但支承点稍有不同,其直线度变化值就较大。所以在国家标准中将支承位置移到最大支承距离位置时的直线度变化值称为"自然挠度"。为保证刚性,在我国国家标准中规定了内径尺的支承点要在(2/9)L 处和在离端面200 mm处,即测量时变化量最小。并将内径尺每转 90°检测一次,其示值误差均不应超过要求。

（a）正确　　　　　　　　　　　　　　　（b）错误

图 3.4　内径千分尺的使用

二、百分表和千分表

百分表和千分表如图 3.5 所示,都是用来校正零件或夹具的安装位置,检验零件的形状精度或相互位置精度的。它们的结构原理相同,只是千分表的读数精度比较高,即千分表的读数值为 0.001 mm,而百分表的读数值为 0.01 mm。

（a）　　　　　　　　　　（b）　　　　　　　　　　（c）

图 3.5　杠杆千分表、百分表

工作原理:通过测杆上齿条与齿轮的传动配合,将测杆的直线运动转换成指针的角度偏移,根据指针偏移的角度,从刻度盘上读取测量值。

1. 千分表刻度

①大刻度盘最小刻度间隔:1 格＝0.001 mm。

②小刻度盘最小刻度间隔:0.2 格,长指针旋转一周,短指针旋转 0.2 格,即:0.2 mm。

2. 测量原则

①绝对测量法:以基准平面为基点,测量物体的实际尺寸,从刻度盘上直接读取测量值。

②相对测量法:

• 工件比基准块大:将已知尺寸的基准规放入测量头下端,设定基准刻度"A"再将被测物放入测量头下端读取数值"B",测量值 C＝"A+B",如图 3.6 所示。

• 工件比基准块小:将已知尺寸的基准规放入测量头下端,设定基准刻度"A"再将被测物放入测量头下端读取数值"B"，测量值 $C =$"$A-B$"，如图 3.7 所示。

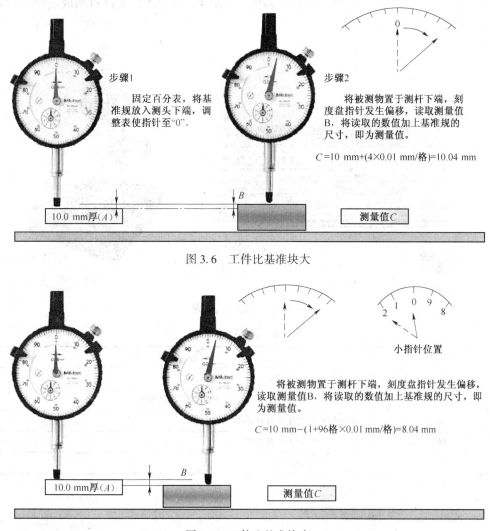

步骤1

固定百分表，将基准规放入测头下端，调整表使指针至"0"。

步骤2

将被测物置于测杆下端，刻度盘指针发生偏移，读取测量值 B，将读取的数值加上基准规的尺寸，即为测量值。

$C = 10$ mm$+(4×0.01$ mm/格$) = 10.04$ mm

10.0 mm厚(A)

B

测量值C

图 3.6　工件比基准块大

小指针位置

将被测物置于测杆下端，刻度盘指针发生偏移，读取测量值B，将读取的数值加上基准规的尺寸，即为测量值。

$C = 10$ mm$-(1+96$格$×0.01$ mm/格$) = 8.04$ mm

10.0 mm厚(A)

B

测量值C

图 3.7　工件比基准块小

三、量块

量块是由两个相互平行的测量面之间的距离来确定其工作长度的高精度量具（需要戴手套操作），如图 3.8 所示，其精度级别见表 3.1。每块量块都有两个表面非常光洁、平面度精度很高的平行平面，称为量块的测量面。

四、塞规

塞规也是一种量具，常用的有圆孔塞规和螺纹塞规，如图 3.9 所示。圆孔塞规做成圆柱形状，两端分别为通端和止端，用来检查孔的直径。

圆孔塞规又称针规，用于检查位置，测量孔的尺寸，检查两孔距，也可作通止规及测量孔的深度用,是孔标准化检测的必备检具,并广泛用于电子板、线路板、模具、精密机械制造等各种高精尖技术领域。塞规是由白钢、工具钢、陶瓷、钨钢轴承钢等或其他材料制成的硬度较高的具有特定尺寸的圆棒。

(a)　　　　　　　　　　　　　　　(b)

图 3.8　量块与高度表

表 3.1　量块精度级别

精度级别	说　　明
00 级	专用于试验室的研究
0 级	工业标准仪器量规校正,例如可检验千分尺准确度
1 级	制造精密工具或检具时使用
2 级	工厂中较精密工件检验用
3 级	普通工件检验用

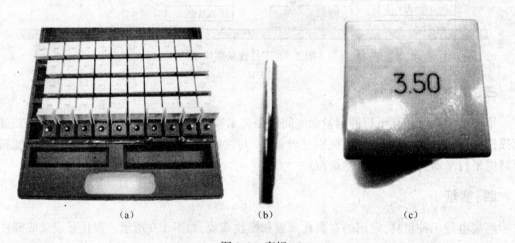

(a)　　　　　　　　　　　(b)　　　　　　　　　(c)

图 3.9　塞规

塞规的一些特点如下:

①塞规是测量精密孔径的量具(不仅需要正确的使用,还需要正确判定);

②最常见的塞规是 0.01 mm 度;

③尺寸在塞规的侧面显示。

五、工具显微镜

图 3.10 所示为工具显微镜,操作者通过目镜观察被测工件,通过测量主机上各种测量指令完成测量。基本原理:光源发出的光—远心光束—照明被测工件—物镜把放大的工件轮廓成像在目镜分划板上—纵横向光栅尺的移动—读数。用途如下:

①检定样板、样板刀、样板铣刀、冲模和凸轮的形状;

②测量螺纹的中径、外径、内径、螺距、螺形角、螺形角对螺纹轴的轮廓位置和螺纹形状;

③测量螺纹车刀、螺纹梳形车刀、螺纹铣刀的螺旋角等;

④使用光学定位器测量内孔和各种槽的宽度。

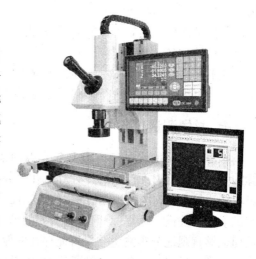

图 3.10 工具显微镜

六、三坐标测量仪

三坐标测量仪是指在一个六面体的空间范围内,能够表现几何形状、长度及圆周分度等测量能力的仪器,又称为三坐标测量机或三坐标量床,如图 3.11 所示。三坐标测量仪又可定义为"一种具有可作三个方向移动的探测器,可在三个相互垂直的导轨上移动,此探测器以接触或非接触等方式传递讯号,三个轴的位移测量系统(如光栅尺)经数据处理器或计算机等计算出工件的各点 (x,y,z) 及各项功能测量的仪器"。三坐标测量仪的测量功能应包括尺寸精度、定位精度、几何精度及轮廓精度等。

主要应用于机械、汽车、航空、军工、模具等行业中的箱体、机架、齿轮、凸轮、蜗轮、蜗杆、叶片、曲线和曲面等的测量。

三坐标测量机(CMM)的测量方式通常可分为接触式测量、非接触式测量和接触与非接触并用式测量。其中,接触测量方式常用于机加工产品、压制成型产品、金属膜等的测量。为了分析工件加工数据,或为逆向工程提供工件原始信息,经常需要用三坐标测量机对被测工件表面进行数据点扫描。

图 3.11 三坐标测量仪

设备基本操作步骤如下：

①探头校验。探头校验是进行工件测量的第一步，较为关键。在探头校验的过程中，我们要做的是根据工件形状、尺寸选择合适的探测头、探测针，选好后，再进行校准，以达到测量精度。

②建坐标系。建立工件的坐标系，把工件坐标系与模型坐标系进行比较。建立坐标系的三个要素是：首先确定一基准面；第二确定一轴线 X 或 Y 轴；第三确定一点作为坐标原点。

③工件测量。工件测量大体分为以下步骤，首先分析工件，测量工件的基本元素，点、线、角、面等；再用基本元素进行形状公差分析；最后根据要求输出检测报告。

七、影像测量仪

影像测量仪是建立在 CCD 数位影像的基础上，依托于计算机屏幕测量技术和空间几何运算的强大软件能力而产生的。计算机在安装上专用控制与图形测量软件后，变成了具有软件灵魂的测量大脑，是整个设备的主体。它能快速读取光学尺的位移数值，通过建立在空间几何基础上的软件模块运算，瞬间得出所要的结果；并在屏幕上产生图形，供操作员进行图影对照，从而能够直观地分辨测量结果可能存在的偏差。

影像测量仪是一种由高解析度 CCD 彩色镜头、连续变倍物镜、彩色显示器、视频十字线显示器、精密光栅尺、多功能数据处理器、数据测量软件与高精密工作台结构组成的高精度光学影像测量仪器。图 3.12 所示是美国 OGP 公司生产的光学影像测量仪。

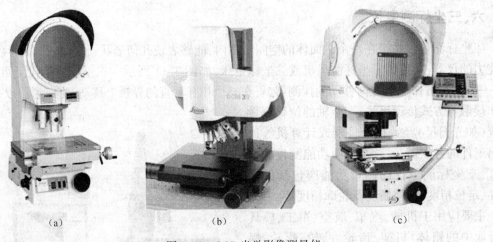

(a)　　　　　　　　(b)　　　　　　　　(c)

图 3.12　OGP 光学影像测量仪

项目四　夹具的认知及应用

【项目目的】

认识机床夹具。

【项目内容】

常用夹具及其使用方法。

任务一　夹具分类

机床夹具的种类繁多,可以从不同的角度对机床夹具进行分类。常用的分类方法有以下几种:

1. 根据夹具在生产中的通用性

机床夹具可分为通用夹具、专用夹具、可调夹具、组合夹具和拼装夹具五大类:

①通用夹具。经标准化后可加工一定范围内不同工件的夹具称为通用夹具,如机床用平口虎钳、四爪单动卡盘、万能分度头和磁力工作台等。

②专用夹具。专为某一工件设计制造的夹具,称为专用夹具。

③可调夹具。某些元件可调整或更换,以适应多种工件加工的夹具称为可调夹具。

④组合夹具。采用标准的组合元件、部件,专为某一工件的某道工序组装的夹具,称为组合夹具。

⑤拼装夹具。用专门的标准化、系列化的拼装零部件拼装而成的夹具,称为拼装夹具。

2. 按使用机床分类

可分为数控铣床夹具、钻床夹具、镗床夹具、齿轮机床夹具以及其他机床夹具等。生产中的常用夹具有以下几种,如图 4.1 所示。

(a)精密平口虎钳　　　　　　　　　　(b)磁力平台

图 4.1　常用夹具

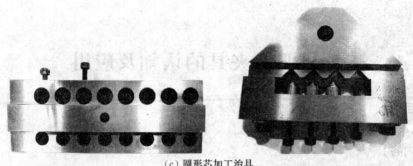

（c）圆形芯加工治具

（d）3R治具

图4.1　常用夹具(续)

任务二　夹具使用

数控加工适用于多品种、中小批量的生产,为能装夹不同尺寸、不同形状的多品种工件,数控加工的夹具应具有柔性。因此,对数控机床上的夹具主要有两大要求:一是夹具应具有足够的精度和刚度;二是夹具应有可靠的定位基准。选用夹具时,通常考虑以下几点:

①尽量选用可调整夹具、组合夹具及其他适用夹具;

②在成批生产时,才考虑采用专用夹具,并力求结构简单。

虎钳、磁力平台及3R治具的使用见表4.1。

表4.1　常用夹具的使用方法

夹具	使　用　方　法
虎钳的固定, 找正	1. 工作台擦净; 2. 虎钳底面用油石打磨、擦净; 3. 将虎钳轻轻放在工作台的合适位置,并用锁紧螺栓轻轻紧固; 4. 用千分表找正固定钳口的 X 方向及垂直方向(要求:误差在 0.005 mm 以内); 5. 将锁紧螺栓锁紧 应用: 1. 普通镶块的钻孔、铣型加工; 2. 较大镶块的粗加工; 3. 小镶块的粗、精加工

续表

夹具	使 用 方 法
磁力平台的应用	工件加工： 1. 较薄(长、宽、高尺寸相差悬殊)工件； 2. 大、薄镶块粗加工后的精加工； 3. 较大镶块的维修、设计变更、焊接量较小、去除量较小； 4. 尺寸较小、形状不规则的装夹、找正困难、镶拼到一起。 优势： 1. 节省辅助时间； 2. 提高加工效率； 3. 保证工件加工质量
自制治具种类	 　　　　(a) V形治具　　　　　　　　　　　(b) 圆芯治具 以上两种治具适用于圆柱形棒料的固定与装夹，实际生产中还有多种自制治具

治具应用之一：生产中把 3R 治具(A)与自制治具(B)相结合(见图 4.2)，不但保证了 3R 治具装夹后不用找正的特点，而且具有重复定位精度高、工件装夹数量多、设备无人稼动率高等特点，因此，在生产中得到了广泛应用。

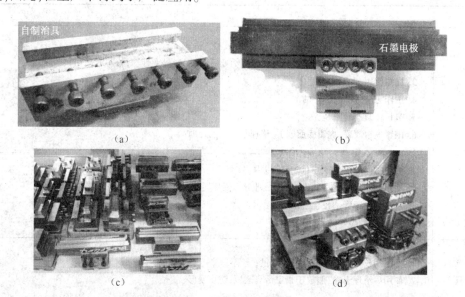

图 4.2　自制治具及工装

治具应用之二:将不同的治具组合,如图4.3所示。组合起来的治具可以固定多个3R棒,同时,这种形式的组合可以方便地固定于工作台上,减小设备加工前的找正时间,有利于提高机械加工效率与生产率。

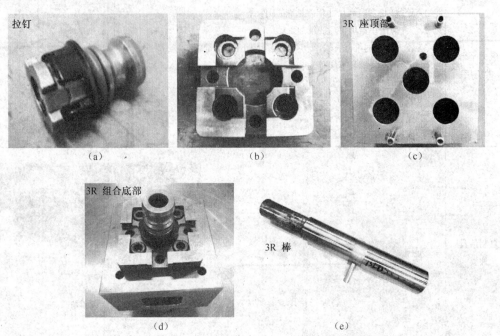

图4.3　组合治具及工装

治具与夹具在使用过后均需要对其进行维护与保养,以提高其使用效率。为此需要对一些精度要求极高的夹具与治具进行定期维护与保养,具体方法参见表4.2。

表4.2　夹具与治具维护方式

夹具	保养与维护
虎钳	1. 固定钳口不定期校验(垂直度、平行度)及打磨处理; 2. 固定钳口、活动钳口的固定螺栓,紧固力要适中(过紧易变性,过松不起作用); 3. 虎钳使用,夹紧力要适中; 4. 工作完结,铁屑、油污的清理; 5. 节日休假期间防锈保护; 6. 闲置虎钳放置,虎钳底面朝上,清理干净打油处理
磁力平台	1. 使用时保证平面度0.002 mm以内; 2. 使用时注意不要将其表面碰伤、划伤; 3. 定期到磨床磨削校正平面度; 4. 保持清洁、做好防锈处理
自制圆芯治具	1. 不定期校验平面度及孔的位置度; 2. 使用后清理干净,侧放于指定治具区域,防止变形

夹具	保养与维护
3R 治具	1. 3R 定位圆盘使用后保持清洁,定位面与定位边严禁碰伤; 2. 3R 棒待加工和完成品一样都要立放(避免碰伤); 3. 定位片钢片严禁碰伤 （a）定位片　　　　　　　（b）定位圆盘

项目五 数控加工实例

【项目目的】

掌握数控加工工艺过程。

【项目内容】

- 镶块加工；
- 模板加工。

任务一 镶块加工流程

1. 零件图

零件图如图 5.1 所示。外形尺寸为 90 mm×100 mm×32 mm，材料 NAK80。

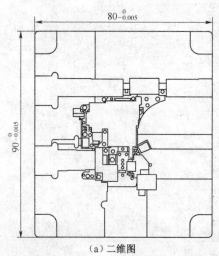 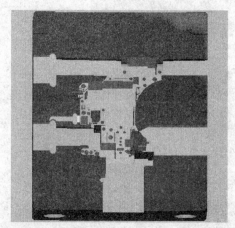

　　　　　（a）二维图　　　　　　　　　　　　　　　　（b）三维图

图 5.1　工件的零件图

2. 技术要求

①模具寿命 50 万模。

②机芯制品，未注公差±0.02 mm。

③以基准孔为基准，加工各型到尺寸，放电处粗加工，留量 0.1 mm。

镶块加工工艺单如表 5.1 所示。

表 5.1　镶块加工工艺单

工序	加 工 内 容	机床
MB	备料单边留 0.35，保证各面垂直。	铣床
G	加工外形单边留 0.25	平面磨床

续表

工序	加 工 内 容	机床
YB	加工侧面水孔	深孔钻床
MCP	参照水孔方向，加工镶块反面螺纹孔、基准孔反面避空孔、顶杆孔反面避空孔、型芯孔反面避空孔以及竖直水孔到尺寸。加工基准孔、直径 7.5 型芯孔穿丝孔（直径 2 以下穿丝孔穿孔机加工），密封圈、挂台粗加工单边留量 0.25，顶面各型粗加工单边留量 0.25	加工中心
QC	攻丝	
HT		
SX	时效	
G	加工外形各台阶面 29.5、31.506、31.706 到尺寸（各面均磨）	平面磨床
JG	加工定位基准孔（磨圆即可），要保证真圆度及位置尺寸要求	小孔坐标磨床
CL		
CK	以定位基准孔为基准，加工型芯、顶杆孔及小镶块孔（φ2 以下穿丝孔）	穿孔机
MCP	加工反面各挂台到尺寸	加工中心
MCG	以定位基准孔为基准，加工正面各型到尺寸，其余处可粗加工。编程时可参见电极装配	高速加工中心
E	以定位基准孔为基准，加工各处到尺寸，具体位置见电极图	电火花加工机床
W	以定位基准孔为基准加工各处异型镶块孔及各顶杆孔、型芯孔全部到尺寸	线切割机床

备注：YB 摇臂钻、MB 普铣备料、G 平面磨床、MCP 加工中心、QC 攻丝、HT 热处理、SX 时效、JG 小孔坐标磨、CL 测量、CK 穿孔机、MCG 高速加工中心、E 放电、W 线切割。

3. 数控加工前准备

①机床的选择。根据工件外形尺寸大小，所需加工形状及刀具规格选择 MakinoV33 型机床。

②刀具的选择。按照 NC 加工单上所示的刀具和加工深度，选择合适的刀具。

③装夹方法。镶块加工主要有两种装夹方式：磁力平台和虎钳，如图 5.2 所示。本例选择磁力台装夹方式。

④切削液选择。壳牌好富顿水溶性切削液（HOCUT5759）。

图 5.2　虎钳和磁力平台

4. 数控加工操作步骤

①找正、建立坐标系。确定镶块的位置及加工平面相对于机床坐标系的坐标，找正的方式一般有三种：四面分中、基准角及基准孔。找正时需要使用千（百）分表。

a. 如果图纸上要求分中，则按要求分中找出坐标原点，如图 5.3 所示。

（a）　　　　　　　　　　　　　　（b）

图 5.3　找正侧面

b. 如果图纸上的坐标原点在镶块的一角,则配合使用单边找正器,用"单边"法找出坐标原点,如图 5.4 所示。

（a）　　　　　　　　　　　　　　（b）

图 5.4　坐标原点的确定

c. 如果图纸上的坐标原点在一个圆孔的圆心上,则用千分表找出圆心即可。

②刀具安装、对刀。将准备好的刀具安装到相应的刀卡上,并按刀号装入刀库中;对刀是自动对刀,一般需要两次,两次差距要在 5 μm 以内。

③直径 1 mm 以下刀具要进行同轴度检测,同轴度 0.01 mm 以内。

④程序的上传及试运行。

检查下刀点及刀具的 Z 向值是否正确。对刀完成后即可进行程序的试运行。

⑤加工时必须对刀具进行冷却。方式有油冷、水冷、气雾冷等。

⑥加工时注意机床转动是否有异常音。

5. 工件检测

加工中心工序的检测方法需要配合千(百)分表的使用,一般有以下几种:

①平面度的检测。使用千(百)分表在待测量的 Z 平面水平拖动,观测表针跳动值是否在平面度公差范围内,一般须保证在 0.01 mm 内(图 5.5)。

②垂直度检测。使用千(百)分表在待测量的垂直平面上下拖动,观测表针跳动值是否在垂直度公差范围内, 一般须保证在 0.005 mm 内。

③加工平面 Z 高度的测量。以指定平面为基准,配合高速加工机床的 Z 高度数值显示,使用千(百)分表测量所测平面的相对高度。

④槽宽度尺寸的测量。类似于使用单边找正器,配合高速加工机床的坐标数值显示,使用千(百)分表测量所测槽的宽度尺寸。

⑤孔圆度及位置度的检测。①将机床主轴移动到所测孔的理论中心位置;②将千(百)分表通过刀夹安装到机床主轴上,调整表针;③将相对坐标系 X、Y 坐标清零(图 5.6);④将机床主轴调整到所测孔的实际位置,相对坐标系的 X、Y 坐标值即为所测孔的实际位置度偏差。旋转机床主轴,观察千(百)分表的表针跳动值,反映的即是圆跳动值。

图 5.5 平面度检测

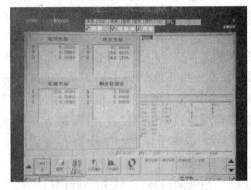

图 5.6 孔圆度即位置度检测

⑥斜平面的斜度测量。使用千(百)分表测量一定长度内的斜面的高度差,然后利用三角公式计算斜度。

任务二 模板加工

模板工件加工首先要进行"三看两测":

三看——看工艺单、看图、看加工单;

两测——加工前测毛坯,加工后测尺寸。

模板加工基本工艺流程:

识图——装夹工件——找正定位——刀具安装——程序导入——程序试运行——加工。

1. 技术要求

①模板型腔底面平面度小于 0.015 mm,侧面尺寸在公差范围内。

②按照加工程序单铣加工基准边。

模板加工工艺单如表5.2所示。

表5.2　模板加工工艺单

工序	加 工 内 容	机床
SKZ	加工侧面水孔	深孔钻床
MCP	粗加工各型芯孔单边留0.25。其余各孔及型腔,TP锥导柱孔,各排气槽到尺寸,加工一基准边。在图纸上记入各表面留量	加工中心
G	参照各表面留量,加工到尺寸	磨床
QG	装配锥导柱,将动、定模板和在一起	
W	将动、定模板合在一起加工型芯孔到尺寸	钱切割机床
QC	攻丝	

备注:SKZ深孔钻床、MCP加工中心、G平面磨床、QG钳工、W线切割、QC攻丝。

2. 数控加工前准备

①机床的选择。根据工件外形尺寸大小,所需加工形状及刀具规格选择Makino FNC74型机床。

②刀具的选择。按照NC加工单上所示的刀具和加工深度,选择合适的刀具。

③装夹方法。用压板将模板固定,将压板螺栓拧紧,注意压板不能妨碍主轴刀具的运行,防止发生碰撞,如图5.7所示。压板在使用过程中注意:紧固螺钉尽量置于居中位置,且保持A端略高于B端10°左右,否则工件在加工中极有可能产生较大误差,甚至报废。

④切削液的选择,选择EC2000乳化液。

图5.7　压板固定

3. 数控加工操作步骤

（1）找正及定位

①冲模模板。用杠杆千分表接触模板下端面并左右移动,如5.8中①所示,观察千分表读数变化,调整模板,直至千分表读数不再发生变化。用带有千分表的主轴分别接触模板左右两端面,如图5.8中②所示,使千分表读数相同,则左右两坐标取中间值即为中点X坐标值,同理接触模板上下端面可得中点Y坐标值,如图5.8中③所示。

②塑模模板。先根据下端面大体上找正(同冲模),如图5.9中①所示。主轴安装杠杆千分表深入导柱孔内,与下端内壁接触,左右转动,在最小刻度时将指针转到"0",记录Y、Z坐标;将主轴移到另一个导柱孔内,并到达同样的Y、Z坐标,是杠杆千分表与孔下侧内壁接触,左右转动,使之处于最小刻度,微调模板,如图5.9中②所示,使千分表读数也处于"0",找正完成。将杠杆千分表接触偏心导柱内壁,不断转动主轴,调整主轴位置,使之处于偏心孔中心,定位完成。

（2）刀具安装

将程序单中所用刀具按顺序装好;

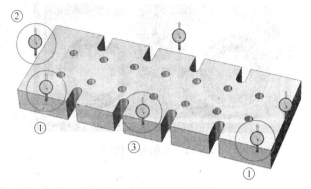

图 5.8 冲模板基准的确定

图 5.9 塑模板基准的确定

（3）程序导入

用一命令（如 06666）将程序从服务器上将编制好的程序传送到数控装置中如图 5.10 所示，此后将此程序重新命名，即成为如图 5.11 所示的加工程序。

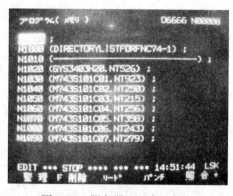

图 5.10 服务器上程序文件夹

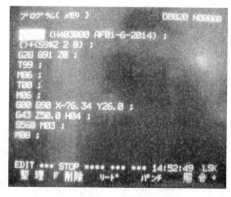

图 5.11 加工程序

（4）运行

在机床的控制面板上找到如图 5.12 虚线框所示的加工按钮便开始加工。

图 5.12　开始加工按键

4. 工件检测

模板加工完毕后,要对重要尺寸、导柱孔、型腔等进行自检,尺寸满足设计要求方可转到下一工序。模板的自检需要使用千(百)分表、内径千分尺、塞规等,千(百)分表的使用与镶块测量相同,下面简要介绍一下内径千分尺的使用。

①使用前先将三点内径千分尺及相应校对环规的测量面揩干净,将校规对环放在平台上,然后将所需使用的千分尺垂直伸入校对环孔内,旋转测力装置不少于 3 次,与校对环实际尺寸比较,如有差异时,将千分尺固定套筒上的螺钉旋松,刻线对准读数后,旋紧螺钉再重复校对一次即可使用。

②测量时将测量爪轻置于孔内,使测量爪逐步接近孔壁,旋动测力装置不少于 3 次,使测量爪贴紧孔壁取得读数,注意测量时测量爪不应在孔内滑动,尺身不应晃动。

第二篇　模具电火花加工

项目六　电火花加工概述

【项目目的】
掌握电火花加工的原理及特点,了解电火花放电加工的分类。

【项目内容】
- 电火花加工原理和特点;
- 电火花加工分类。

任务一　电火花加工原理和特点

随着模具制造技术的发展和模具新材料的出现,对于模具零件,除采用切削方式进行加工外,还常用一些特殊的加工方法,如电火花加工、电解加工、超声波加工、化学加工、冷挤压、超塑成型、铸造、激光快速成型等方法,特别是电火花加工应用十分广泛。

一、电火花加工的基本原理

电火花加工(Electrical Discharge Machining,简称 EMD)又称放电加工,也有称为电脉冲加工的,它是一种直接利用热能和电能进行加工的工艺。电火花加工与金属切削加工的原理完全不同,在加工过程中,工具和工件不接触,而是靠工具和工件之间的脉冲性火花放电,产生局部、瞬时的高温把金属材料逐步蚀除掉。由于放电过程可见到火花,所以我国称为电火花加工,日本、英国、美国称为放电加工,俄罗斯称为电蚀加工。

根据电火花加工工艺的不同,电火花加工又可分为电火花线切割加工、电火花穿孔成形加工、电火花磨削和镗磨、电火花同步共轭回转加工、电火花高速小孔加工、电火花表面强化和刻字等。

电火花加工的原理是基于工具和工件(正、负电极)之间脉冲性火花放电时的电腐蚀现象来蚀除多余的金属,以达到对零件的尺寸、形状及表面质量预定的加工要求。电腐蚀现象早在 20 世纪初就被人们发现,例如在插头或电器开关触点开、闭时,往往产生火花而把接触表面烧毛,腐蚀成粗糙不平的凹坑而逐渐损坏。长期以来,电腐蚀一直被认为是一种有害的现象,人们不断地研究电腐蚀的原因并设法减轻或避免电腐蚀的发生。但事物都是一分为二的,只要掌握规律,在一定条件下可以把坏事转化为好事,把有害变为有用。1940 年前后,苏联科学院电工研究所 Б.P. 拉扎连柯教授夫妇的研究结果表明,电火花腐蚀的主要原因是:电火花放电时火花通道中局部瞬时产生大量的热,达到很高的温度,足以使任何金属材料局部熔化、气化而被蚀除掉,形成放电凹坑。这样,人们在研究抗电腐蚀办法的同时,开始研究利用电腐蚀现象对金属材料进行预定尺寸加工,终于在1943年拉扎连柯夫妇研制出利用电容器反复充放电原理的世界上第一台实用化电火花加工装置,并申请了发明专利,以后在生产中不断地推广应用。

电火花放电加工的原理如图6.1所示。工件与工具电极分别连接到脉冲电源的两个不同极性的电极上。当两电极间加上脉冲电压后,当工件和电极间保持适当的间隙时,就会把工件与工具电极之间的工作液介质击穿,形成放电通道。放电通道中产生瞬时高温,使工件表面材料熔化甚至气化,同时也使工作液介质气化,在放电间隙处迅速热膨胀并产生爆炸,工件表面一小部分材料被蚀除抛出,形成微小的电蚀坑。脉冲放电结束后,经过一段时间间隔,使工作液恢复绝缘。脉冲电压反复作用在工件和工具电极上,上述过程不断重复进行,工件材料就逐渐被蚀除掉。伺服系统不断地调整工具电极与工件的相对位置,自动进给,保证脉冲放电正常进行,直到加工出所需要的零件。

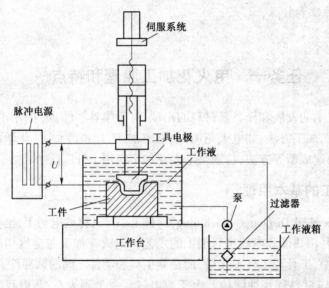

图6.1 电火花加工原理示意图

电火花放电过程是一个复杂的物理过程,一次放电过程大致可分为电离、放电与热膨胀、抛出电蚀物、消电离等四个阶段,如图6.2所示。电极与工件的表面从微观上来看是凹凸不平的,当脉冲电压加到两极时,电极与工件间距离最近处的绝缘介质(工作液,大多为煤油)被击穿,形成放电通道,电流急剧增加,电子和离子在电场力作用下高速运动并相互碰撞,瞬间便产生大量的热,在热膨胀产生的爆炸力作用下,将熔化和气化了的金属蚀物抛入周围的工作液中冷却,凝固成细小的圆球状颗粒,而工件表面则形成一个周围凸起的微圆形凹坑。脉冲放电后,应有一间隔时间,使极间介质消电离,以便恢复两极间液体介质的绝缘强度,准备下次脉冲击穿放电。

二、电火花加工的条件

脉冲用于尺寸加工时必须满足以下几个条件:

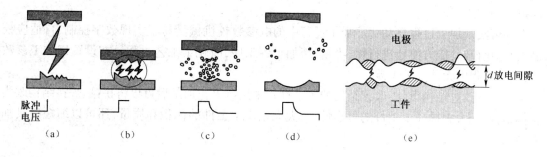

图 6.2　一次脉冲放电过程

①在脉冲放电点必须有足够大的能量密度,能使金属局部熔化和气化,并在放电爆炸力的作用下,把熔化的金属抛出来。为了使能量集中,放电过程通常在液体介质中进行。

②工具电极和工件被加工表面之间要保持一定的放电间隙。这一间隙随加工条件而定,通常为几微米至几百微米。如果间隙过大,极间电压不能击穿极间介质,因而不会产生火花放电;如果间隙过小,很容易形成短路接触,同样也不能产生火花放电。因此,在电火花加工过程中必须具有自动进给和调节装置来维持放电间隙。

③放电形式应该是脉冲的,放电时间要很短,一般为 $10^{-7} \sim 10^{-3}$ s。这样才能使放电所产生的热量来不及传导扩散到其余部分,将每次放电点分布在很小的范围内,否则像持续电弧放电,产生大量热量,只是金属表面熔化、烧伤,只能用于焊接或切割,而无法用作尺寸加工,故电火花加工必须采用脉冲电源。

④必须把加工过程中所产生的电蚀产物和余热及时地从加工间隙中排除出去,保证加工能正常地持续进行。

⑤在相邻两次脉冲放电的间隔时间内,电极间的介质必须能及时消除电离,避免在同一点上持续放电而形成集中的稳定电弧。

⑥电火花放电加工必须在具有一定绝缘性能的液体介质(工作液)中进行。电火花加工工艺类型不同,选用的工作液也不同,例如煤油、皂化液或去离子水等。

三、电火花加工的特点

电火花加工不同于一般切削加工,其主要优点如下:

①适合于难切削材料的加工。由于加工中材料的去除是靠放电时的电热作用实现的,材料的可加工性主要取决于材料的导电性及其热学特性,如熔点、沸点(气化点)、比热容、导热系数、电阻率等,而几乎与其力学性能(硬度、强度等)无关。这样可以突破传统切削加工对刀具的限制,可以实现用软的工具加工硬韧的工件,甚至可以加工像聚晶金刚石、立方氮化硼等超硬材料,从而扩大了模具材料的选用范围。目前电极材料多采用紫铜或石墨,因此工具电极较容易加工。

②可加工特殊及复杂形状的零件。由于电极和工件之间没有相对切削运动,不存在机械加工时的切削力,因此适宜于低刚度工件和细微加工。由于脉冲放电时间短,材料加工表面受热影响范围比较小,所以适宜于热敏性材料的加工。此外,由于可以简单地将工具电极的形状复制到工件上,因此特别适用于薄壁、低刚性、弹性、微细及复杂形状表面的加工,如复杂的型

腔模具的加工。

③可实现加工过程自动化。加工过程中的电参数较机械量易于实现数字控制、自适应控制、智能化控制,能方便地进行粗、半精、精加工各工序,简化了工艺过程。在设置好加工参数后,加工过程中无须人工干涉。

④可以改进结构设计,改善结构的工艺性。采用电火花加工后可以将拼镶、焊接结构改为整体结构,既大大提高了工件的可靠性,又大大减少了工件的体积和质量,还可以缩短模具加工周期。

四、电火花加工的局限性

电火花加工有其独特的优势,但同时电火花加工也有一定的局限性,具体表现在以下几个方面:

①主要用于加工金属等导电材料。不像切削加工那样可以加工塑料、陶瓷等绝缘的非导电材料。但近年来的研究表明,在一定条件下也可加工半导体和聚晶金刚石等非导体超硬材料。

②加工效率比较低。一般情况下,单位加工电流的加工速度不超过 20 mm³/(A·min)。相对于机加工来说,电火花加工的材料去除率是比较低的。因此经常采用机加工切削去除大部分余量,然后再进行电火花加工,以求提高生产率。此外,加工速度和表面质量存在着突出的矛盾,即精加工时加工速度很低,粗加工时常受到表面质量的限制。

③加工精度受限制。电火花加工中存在电极损耗,由于电火花加工靠电、热来蚀除金属,电极也会遭受损耗,而且电极损耗多集中在尖角或底面,故而影响成形精度。

④加工表面有变质层甚至微裂纹。由于电火花加工时在加工表面产生瞬时的高热量,因此会产生热应力变形,从而造成加工零件表面产生变质层。

⑤最小角部半径的限制。通常情况下,电火花加工能得到的最小角部半径等于加工间隙(通常为 0.02~0.03 mm),若电极有损耗或采用平动头加工,则角部半径还要增大。但近年来的多轴数控电火花加工机床,采用 X、Y、Z 轴数控摇动加工,可以清棱清角地加工出方孔、窄槽的侧壁和底面。

⑥加工表面的"光泽"问题。加工表面是由很多个脉冲放电小坑组成。一般精加工后的表面,也没有机械加工后的那种"光泽",需经抛光后才能发"光"。

任务二　电火花加工工艺方法的分类与应用

一、电火花加工工艺方法的分类

电火花加工按工具电极和工件相对运动的方式和用途不同,大致可分为电火花穿孔成型加工、电火花线切割加工、电火花磨削和镗磨、电火花同步共轭回转加工、电火花高速小孔加工、电火花表面强化和刻字六大类。前五类属电火花成型、尺寸加工,是用于改变工件形状或尺寸的加工方法;后者属于表面加工方法,用于改善或改变零件表面性质。其中电火花穿孔成型加工和电火花线切割应用最为广泛,这也是本书中介绍的重点。表 6.1 所列为总的分类情况及各种加工方法的主要特点和用途。

表 6.1　电火花加工工艺方法分类

类别	工艺方法	特点	用途	备注
1	电火花穿孔成型加工	(1)工具和工件间只有一个相对的伺服进给运动 (2)工具为成型电极,与被加工表面有相同的截面和相应的形状	(1)穿孔加工:加工各种冲模、挤压模、粉末冶金模、各种异形孔和微孔等 (2)型腔加工:加工各类型腔模和各种复杂的型腔工件	约占电火花机床总数的30%,典型机床有 D7125、D7140 等电火花穿孔成型机床
2	电火花线切割加工	(1)工具和工件在两个水平方向同时有相对伺服进给运动 (2)工具电极为顺电极丝轴线垂直移动的线状电极	(1)切割各种冲模和具有直纹面的零件 (2)下料、切割和窄缝加工	约占电火花机床总数的60%,典型机床有 DK7725、DK7740 等数控电火花线切割机床
3	电火花磨削和镗磨	(1)工具和工件间有径向和轴向的进给运动 (2)工具和工件有相对的旋转运动	(1)加工高精度、表面粗糙度值小的小孔,如拉丝模、挤压模、微型轴承内环、钻套等 (2)加工外圆、小模数滚刀等	约占电火花机床总数的3%,典型机床有 D6310 电火花小孔内圆磨床等
4	电火花同步共轭回转加工	(1)工具相对工件可作纵、横向进给运动 (2)成形工具和工件均作旋转运动,但二者角速度相等或成倍整数,相对应接近的放电点可有切向相对运动速度	以同步回转、展成回转、倍角速度回转等不同方式,加工各种复杂型面的零件,如高精度的异形齿轮、精密螺纹环规,高精度、高对称、表面粗糙值小的内、外回转体表面等	小于电火花机床总数的1%,典型机床有 JN-2、JN-8 内外螺纹加工机床
5	电火花高速孔加工	(1)采用细管电极(外径大于ϕ0.3 mm),管内冲入高压工作液 (2)细管电极旋转 (3)穿孔速度很高(30～60 mm/min)	(1)线切割预穿丝孔 (2)深径比很大的小孔,如喷嘴等	约占电火花机床总数的2%,典型机床有 D703A 电火花高速小孔加工机床
6	电火花表面强化和刻字	(1)工具相对工件移动 (2)工具在工件表面上振动,在空气中火花放电	(1)模具刃口、刀具、量具刃口表面强化和镀覆 (2)电火花刻字、打印机	约占电火花机床总数的1%～2%,典型设备有 D9105 电火花强化机等

二、电火花加工在模具制造中的应用

1. 电火花成型加工的应用

由于电火花加工有其独特的优越性,再加上数控水平和工艺技术的不断提高,其应用领域日益扩大,已经覆盖到机械、宇航、航空、电子、核能、仪器、轻工等部门,用以解决各种难加工材料、复杂形状零件和有特殊要求的零件的制造,成为常规切削、磨削加工的重要补充和发展。模具制造是电火花成型加工应用最多的领域,而且非常典型。以下简单介绍电火花成型加工在模具制造中的主要应用:

（1）高硬度零件加工

对于某些要求硬度较高的模具，或者是硬度要求特别高的滑块、顶块等零件，在热处理后其表面硬度高达 50HRC 以上，采用机加工方式将很难加工这么高硬度的零件，采用电火花加工则可以不受材料硬度的影响。

（2）型腔尖角部位加工

如锻模、热固性和热塑性塑料模、压铸模、挤压模、橡皮模等各种模具的型腔常存在着一些尖角部位，在常规切削加工中由于存在刀具半径而无法加工到位，使用电火花加工可以完全成型。

（3）模具上的筋加工

在压铸件或者塑料件上，常有各种窄长的加强筋或者散热片，这种筋在模具上表现为下凹的深而窄的槽，用机加工的方法很难将其加工成型，而使用电火花可以很便利地进行加工。

（4）深腔部位的加工

由于机加工时，没有足够长度的刀具，或者这种刀具没有足够的刚性，不能加工具有足够精度的零件，此时可以用电火花进行加工。

（5）小孔加工

对各种圆形小孔、异形孔的加工，如线切割的穿丝孔、喷丝板型孔等，以及长深比非常大的深孔，很难采用钻孔方法加工，而采用电火花或者专用的高速小孔加工机可以完成各种深度的小孔加工。

（6）表面处理

如刻制文字、花纹，对金属表面的渗碳和涂覆特殊材料的电火花强化等。另外通过选择合理加工参数，也可以直接用电火花加工出一定形状的表面蚀纹。

2. 电火花线切割加工的应用

电火花线切割加工与电火花成型加工不同的是，该方法是利用运动的细金属丝作工具电极，按预定的轨迹进行脉冲放电切割。按金属丝运动速度大小分为高速走丝和低速走丝线切割。目前常用的是高速走丝线切割，高速走丝时，金属丝电极是直径为 $\phi 0.02 \sim \phi 0.3$ mm 的高强度钼丝，往复运动速度为 $8 \sim 10$ m/s，工作液常用乳化液。近年来正在发展低速走丝线切割，低速走丝时，多采用合金铜丝，如图 6.3 所示，线电极以小于 0.2 m/s 的速度作单方向运动。线切割时，电极丝不断移动，其损耗很小，因而加工精度较高。其平均加工精度可达 0.01 mm，远高于电火花成形加工，表面粗糙度 Ra 可达 1.6 μm 或更小。

图 6.3　线切割电极丝

项目七　电火花加工工艺的基本规律

【项目目的】
了解和掌握电火花加工中的基本工艺规律。

【项目内容】
- 电极材料和工作液；
- 电火花加工的加工速度与工具电极的损耗速度；
- 电火花加工精度的影响因素；
- 电火花加工表面质量。

任务一　电极材料和工作液

一、电极材料

在电火花加工过程中，电极用于传输电脉冲，蚀除工件材料，而电极本身一般不损耗。为了实现这一目的，电极材料必须具备以下特点：导电性能良好、损耗小、造型容易、加工稳定、效率高、材料来源丰富、价格便宜。电火花型腔加工常用的电极材料主要有纯铜和石墨，特殊情况下也可采用铜钨合金与银钨合金电极。

1. 纯铜电极

纯铜是目前在电火花加工领域应用最多的电极材料。纯铜材料塑性好，可机械加工成形、锻造成形、电铸成形及电火花线切割成形等，能制成各种复杂的电极形状，但难于磨削加工。图 7.1 所示为各种形状的铜电极和对应加工的零件。电火花加工用的纯铜必须是无杂质的电解铜，最好经过锻打，未经锻打的纯铜作电极时电极损耗较大。

纯铜电极加工性能很好，尤其是加工稳定性。但纯铜在粗加工时如要求作低损耗加工，则脉冲宽度/峰值电流的比值通常要大于 10，且加工电流不能太大，否则电极损耗也会增大，电极表面甚至会产生龟裂和起皱，影响加工表面粗糙度。如采用窄脉宽规准加工，纯铜电极的损耗通常是石墨电极的 1.5~2 倍。因此用纯铜电极加工时，其粗加工均采用脉宽较大而峰值电流较小的规准作低损耗加工，其表面粗糙度 Ra 可达 3.2~1.6 μm，有条件时可仍用低损耗规准作 Ra 小于 0.8 μm 的精加工，也可在精加工时采用有损耗规准加工。纯铜电极低耗加工的最小表面粗糙度比石墨小一级，如采用特殊方法，可在表面粗糙度 Ra 小于 0.4 μm 时作低耗加工；有损耗加工的表面粗糙度更小，配合一定的工艺手段和电源后超小表面粗糙度加工 Ra 可达 0.025 μm 左右，基本上达到镜面加工。

纯铜电极不易烧弧或接桥。产生烧弧时，电极表面烧弧处有些发毛，严重时呈一结焦瘤，工件对应处有一凹穴，有时出现针孔状缺陷，破坏程度较石墨轻。由于低耗加工的平均加工电流较小，生产率不高，故常对工件进行预加工，但预加工的形状和余量必须合理。在相同加工条件下,纯铜电极所选用的电规准的脉冲间隔比石墨小。此外,排屑条件的好坏对电极的损耗影响很大,故不宜采用冲抽油等改善排屑的方法,通常采用抬刀等方式。

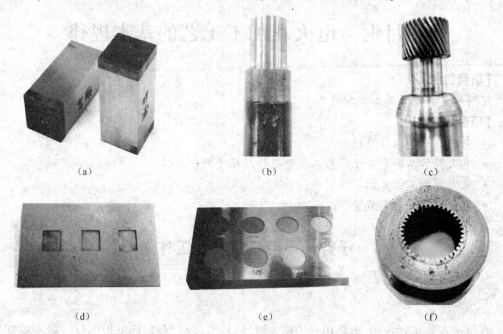

图 7.1　各种形状的铜电极和对应加工的零件

纯铜电极更适合于形状精细、要求较高的中、小型型腔。超大型型腔有时也采用薄板或电铸成型的纯铜电极;如大型型腔既有大面积曲面成型,又有精密微细成型要求时,经常采用分解电极多次成型加工而成。

2. 石墨电极

石墨电极是模具制造中常用的电极材料,其特点是质地脆、机械加工性能优良,其切削阻力小,容易磨削,很容易制造成形,无加工毛刺,密度小,只有铜的 1/5,电极制作和准备作业容易。

石墨电极的制作有专门的石墨 CNC 高速加工机,CNC 加工速度快。石墨电极 CNC 加工时产生的灰尘比较大,粉尘有毒性,这就要求机床应有相应的处理装置,机床密封性要好。在加工前将石墨在煤油中浸泡一段时间,可以防止在加工中崩角和减少粉尘。

石墨电极的加工稳定性较好,在粗加工或窄脉宽的精加工时电极损耗很小。熔点高,能承受较大的电流密度,在大电流的情况下仍能保持电极的低损耗,这也是石墨材料最显著的加工特点。

石墨电极的脉冲宽度/峰值电流的比值较小,一般情况下大于 5。使用一般加工方法时,它的低损耗加工最小表面粗糙度 Ra 通常只能达到 3.2 μm 左右;但使用有损耗规准进行精加工时,其最小表面粗糙度 Ra 可达到 0.8~0.4 μm。在精加工时,如用窄脉宽的电规准,电极损耗除了铜钨、银钨合金之外,比其他材料都要小。因此使用石墨电极作粗加工时,可先采用峰值电流较大的低耗规准,再用有窄脉宽的有损耗规准作精加工修光。对于一个加工深度为 100 mm 左右的型腔,如果控制得当,其总损耗量可在 0.10~0.15 mm 之内。同时,为保持加工稳定性,电规准的脉冲间隔要稍大。

石墨电极特别适用于加工蚀除量较大的型腔。在大面积加工情况下,能实现低损耗、高速粗加工,像在大型塑料模具、锻模、压铸模等模具的电火花加工中可发挥其独特的加工优势。石墨电极因其重量轻,常用于大型电极的制造;热变形小,是用于加工精度要求高的深窄缝条的首选材料。

3. 铜钨合金与银钨合金

铜钨合金与银钨合金类电极材料能保证极低的电极损耗,在极困难的加工条件下也能实现稳定的加工,能加工出高品位的表面。它的强度和硬度高,密度大,熔点接近3 400 ℃,可以有效地抵御电火花加工时的损耗。铜钨合金、银钨合金由于含钨量高,所以在加工中电极损耗小,机械加工成型也较容易,特别适用于工具钢、硬质合金等模具加工及特殊导孔、槽的加工。缺点是价格较贵,尤其是银钨合金电极,因此在通常加工中很少采用,只有在高精密模具及一些特殊场合的电火花加工中才被采用。

加工电子接插件类高精度模具时,对细微部分的形状(如深长直臂孔、复杂小型腔)要求很严格,这就要求加工中电极的损耗必须极小,选用铜钨合金与银钨合金材料来制造工具电极是加工技术的基本要求。铜钨合金与银钨合金类电极也适合用来加工普通电极难以加工的金属工件,铜钨电极针对钨钢、高碳钢、耐高温超硬质合金,因普通电极损耗大,速度慢,铜钨电极是首选材料。注塑模具中铍铜镶件的电火花加工也非常适合采用铜钨电极。银钨电极是电极中的极品,一般加工设备与刀具很难加工出低表面粗糙度的电极,而用银钨电极修普通电极能达到最低的表面粗糙度,从而使模具达到非常高的精度。

4. 电极材料的选择原则

电极材料的选择原则主要有以下几点:

①电极材料的选择应根据加工对象来确定。加工直壁深孔时,应选择电极损耗小的材料;加工一般型腔可采用石墨电极,若型腔有文字图案则采用纯铜电极。

②电极材料的成本应尽可能地低廉。

③电极材料容易成型且变形小,并具备一定的强度。

④电极材料的电加工性能,如加工稳定性、电极损耗必须良好。

⑤电极材料还应根据工件材料来选择。不同的工件材料,加工性能肯定有所不同;即使相同材料的工件也会因为材料成分的不同而影响加工性能。

二、电火花成型加工工作液

电火花加工必须在有一定绝缘性能的液体介质中进行,该液体介质通常称为电火花工作液。工作液的作用是:形成火花击穿放电通道,并在放电结束后迅速恢复放电间隙的绝缘状态;对放电通道产生压缩作用;帮助电蚀产物的抛出和排出;对工具、工件的冷却作用。

1. 煤油

我国过去普遍采用煤油作为电火花成型加工的工作液,它电阻率高,且比较稳定,其黏度、密度、表面张力等性能也全面符合电火花加工的要求。

煤油的缺点显而易见,主要是闪火点低(46 ℃左右),使用中会因意外疏忽导致火灾,加上其芳烃含量高,易挥发,加工分解出的有害气体较多等。近年来,已逐步被新型的电火花工作液替代。

2. 水基及一般矿物油型

这是第一代产品,水基工作液仅局限于电火花高速穿孔加工等少数类型使用,绝缘性、电极消耗、防锈性等都很差,故成型加工基本不用。

3. 合成型(或半合成型)电火花工作液

由于矿物油放电加工时,对人体健康有影响。随着数控成型机数量的增多,加工对象的精度、表面粗糙度、加工生产率都在提高,因此,对工作液的要求也日益提高。到了 20 世纪 80 年代,开始有了合成型油,主要指正构烷烃和异构烷烃。由于不加酚类抗氧剂,因此,合成型油的颜色水白透亮,几乎不含芳烃,几乎没有异味,价格低廉。缺点是合成型油不含芳烃,故加工速度稍低于矿物油型的电火花工作液。

4. 高速合成型电火花工作液

高速合成型在合成型的基础上,加入聚丁烯等类似添加剂,旨在提高电蚀速度,提高效率。由于工作液闪点、沸点低,因熔融金属温度高而蒸发的蒸气膜,使冷却金属熔融物的时间变长。加入聚合物后,沸点高的聚合物将迅速破坏蒸气膜,提高了冷却效率,从而也提高了加工速度。这种添加剂成本高,工艺不易掌握。

任务二 电火花加工的加工速度与工具电极的损耗速度

一、加工速度

1. 加工速度的概念

电火花加工的加工速度不像机械加工以进给速度来表示。电火花加工时,工具和电极同时遭到不同程度的蚀除,单位时间内工件的电蚀量称为加工速度,即生产率。它有两种表示方法:

①单位时间内工件蚀除重量。

②单位时间内工件蚀除体积。

2. 提高加工速度的途径

提高加工速度的途径在于提高脉冲频率;增加单个脉冲能量;提高工艺参数。同时还应考虑这些因素间的相互制约关系和对其他工艺指标的影响。

①增大脉冲峰值电流、增加脉冲宽度将提高加工速度,但同时会增加表面粗糙度和降低加工精度,因此这种方法一般用于粗加工和半精加工的场合。

②提高脉冲频率即缩小脉冲间隔,从而提高加工速度。但脉冲间隔不能过分减小,否则加工区工作液将不能及时消电离,电蚀产物和气泡不能及时排除,反而影响加工稳定性,从而导致生产效率的下降。

③除上述方法外,还可以通过提高工艺系数 K 来提高加工速度,包括合理选择电极材料、电参数和工作液,改善工作液的循环过滤方法以提高脉冲利用率,提高加工稳定性,以及控制异常放电等。

二、工具电极的损耗

电极损耗是实际生产加工中衡量加工质量的一个重要指标,它不仅取决于工具的损耗速度,还要看同时能达到的加工速度,因此通常采用相对损耗(损耗速度/加工速度)来衡量工具电极耐损耗的指标。

在实际加工过程中,降低电极的相对损耗具有很现实的意义。总的来说,影响电极损耗的因素主要有以下几点:

1. 脉冲宽度和峰值电流

这两者是影响损耗最大的参数。在通常情况下,峰值电流一定时,脉冲宽度越大,电极损耗越小。当脉冲宽度增大到某一值时,相对损耗下降到1%以下;脉冲宽度不变时,峰值电流越大,损耗越大。

不同的脉冲宽度,要有不同的峰值电流才能达到低损耗,峰值电流越大,低损耗脉冲宽度也越大。

2. 极性效应

在电火花加工过程中,无论是正极还是负极都将受到不同程度的电蚀影响,但即使正负极材料相同,两者的电蚀量也不相同,这种现象称之为极性效应。

极性的确定取决于工件连接脉冲电源的位置。若工件连接脉冲电源的是正极,则称"正极性加工";若工件连接脉冲电源的是负极,则称"负极性加工"。

极性对于电极损耗的影响很大。极性效应是一个较为复杂的问题,它除了受到脉冲宽度、脉冲间隔的影响之外,还受到诸如正极炭黑保护膜、脉冲峰值电流、放电电压、工作液等因素的影响。图7.2所示为用纯铜电极加工钢工件时,正负极性与电极损耗的关系。从图7.2中可知,负极性加工时,纯铜电极的相对损耗则随脉冲宽度的增加而减少,当脉冲宽度大于120 μs后,电极相对损耗将小于1%,可以实现低损耗加工。如果采用正极性加工时,无论采用那一挡脉冲宽度,电极的相对损耗都难低于10%。然

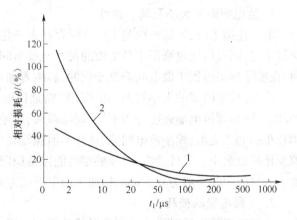

图7.2 电极相对损耗与极性和脉冲宽度的关系
1—正负极加工;2—负正极加工

而在脉宽小于15 μs的窄脉宽范围内,正极性加工的工具电极相对损耗比负极性加工小。

3. 吸附效应

在电火花加工中,若采用负极性加工(电极接正极),工作液采用煤油之类的碳氢化合物时,在电极表面将形成一定强度和厚度的化学吸附层,这种吸附层称为"碳黑膜"。由于碳的熔点和气化点很高,可对电极起到一定的保护作用,从而实现"低损耗"加工。

影响吸附效应的因素主要有以下两种:

①电参量。实验表明,当峰值电流和脉冲间隔一定时,碳黑膜厚度随脉冲宽度的增加而增厚;而当脉冲宽度和峰值电流一定时,碳黑膜厚度随脉冲间隔的增加而减薄。这是由于脉冲间隔加大,正极吸附碳黑的时间较短;引起放电间隙中介质消电离作用增强,碳胶粒扩散,放电通道分散,电极表面温度降低,使"吸附效应"减少。反之,随着脉冲间隔的减少,电极损耗随之

降低。但过小的脉冲间隔将使放电间隙来不及消电离和使电蚀产物扩散,因而造成电弧烧伤。

②冲、抽油。采用强迫冲、抽油,有利于间隙内电蚀产物的排除和加工的稳定,但同时将增加电极的损耗,因此在实际的加工过程中必须控制冲、抽油的压力。

4. 传热效应

对电极表面温度场分布的研究表明,电极表面温度不仅与输入能量有关还与电极材料的导热性有关。一般采用导热性能比工件好的工具电极,配合使用较大的脉冲宽度和较小的脉冲电流进行加工,降低电极表面温度从而减少其损耗。

任务三 电火花加工精度的影响因素

加工精度是指加工后的工件尺寸和图纸尺寸要求相符合的程度。两者不相符合的程度通常用误差大小来衡量。

误差包括加工误差、安装误差和定位误差。其中后两种误差是与工件和电极的定位、安装有关,和加工本身无关的。而加工误差除去机床本身精度之外,主要与电火花加工工艺有关。这里主要讨论影响电火花加工精度的主要因素。

1. 放电间隙的大小及其一致性

电火花加工时,工具电极与工件之间存在着一定的放电间隙。如果加工过程中放电间隙保持不变,则可以通过修正工具电极的尺寸对放电间隙进行补偿,以获得较高的加工精度。然而,在实际加工过程中放电间隙是变化的,影响着加工精度。

此外,放电间隙的大小对加工精度(特别是仿形精度)也有影响,尤其是对复杂形状表面的加工,棱角部位电场强度分布不均,间隙越大,影响越严重。因此,为了降低加工误差,应采用较小的加工规准,缩小放电间隙,这样不但能提高仿形精度,而且放电间隙愈小,可能产生间隙变化量也愈小。另外,加工过程要尽可能保持稳定。电参数对加工间隙的影响非常显著,粗加工的放电间隙一般为 0.5 mm,精加工的单面间隙则能达到 0.01 mm。

2. 工具电极的损耗

工具电极的损耗对尺寸精度和形状精度都有影响。电火花穿孔加工时,电极可以贯穿型孔而补偿电极的损耗,但是型腔加工则无法采用这种方法,精密型腔加工时可以采用更换电极的方法。

3. 电极的制造精度

电极的制造精度是加工精度的重要保证。电极的制造精度应高于加工对象要求的精度,这样才有可能加工出合格的产品

在同一加工对象中,有时往往用一个电极难以完成全部的加工要求,即使能完成加工要求也不能保证加工精度。通常情况下可以用不同形状的电极来完成整个加工。对于加工精度要求特别高的工件,使用同样的电极重复加工能提高精度,但必须保证电极制造精度和重复定位精度。

4. 二次放电

二次放电是指在已加工表面上由于电蚀产物等的介入而再次进行的非正常放电,集中反映在加工深度方向产生斜度和加工棱角边变钝等方面。

　　加工时,起始放电部位一般是与被加工面接近的电极端面。随着加工深度不断增加,放电加工由端部向上逐渐减少。也就是说,工件的侧面间隙主要是靠电极底部的侧面和尖角部分加工出来的。因此,加工制造电极本身的损耗也必然从底端、尖角部分往上逐渐减少,即电极由于损耗要形成锥度。这样的锥度反映到工件上,就形成了加工斜度,如图7.3所示。

　　上下口间隙的差异主要是由二次放电造成的。加工屑末在通过放电间隙时,形成"桥",造成二次放电,使加工间隙扩大。因此当采用冲油排屑时,由于加工屑末均经过放电间隙而在上口的二次放电机会最大、次数最多、扩大量最大、斜度也最大,同时放电加工时间越长,斜度也越大;但当采用抽油排屑时,由于加工屑末经过侧面间隙的机会较小,因此加工斜度相对来说比较小。

　　随着加工深度的增加,加工斜度也随着增加,但不是成正比关系。当加工深度超过一定数值后,被加工件上口尺寸就不再扩大,即加工斜度不再增加。

　　电极尖角和棱边的损耗比端面和侧面损耗严重,所以随着电极棱角的损耗、棱边倒圆,加工出的工件不可能得到清棱。而随着加工深度的增加,电极棱角倒圆的半径还要增大。但超过一定加工深度,其增大的趋势逐渐缓慢,最后停留在某一最大值上。棱角倒圆的原因除电极的损耗外,还有放电间隙的等距离性。凸尖棱电极的尖点根本起不到放电作用,如图7.4所示。但由于积屑也会使工件凸棱倒圆。因此,即使电极完全没有损耗,由于放电间隙的等距离性仍然不可能得到完全的清棱。

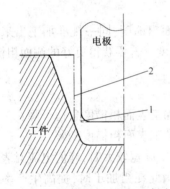

图 7.3　电火花加工时的加工斜度
1—电极无损耗时工具轮廓线
2—电极有损耗而不考虑二次放电时的工件轮廓线

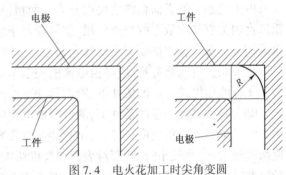

图 7.4　电火花加工时尖角变圆

5. 热影响

　　在加工过程中,工作液温度升高引起机床的热变形。由于机床各部件(包括工件和电极)的热膨胀系数不同,因此加工精度难免受到影响。对于工件尺寸超过几十毫米的大型工件,影响尤其明显。

　　下列几种情况下的工件和电极易产生热变形。

　　①电极断面长度比较大的形状。

　　②薄片电极以及用电铸、放电压力成形一类的薄壳电极,由于其热容量很小,温度升高很快而易产生变形。

　　③受偏力较大的电极。

④加工电流很大,工作液温度冷却不够。

因此,加工时必须控制加工电流,对电极易变形的部位采取加固和冷却措施。

6. 装夹定位的影响

不管是校正还是装夹定位的精度,都直接关系到加工精度。使用多个电极加工时还要考虑重复定位的精度。

7. 其他

电极夹持部分刚性、平动刚性和平动精度、电极冲油压力、电极运动精度等都直接影响到加工精度。

任务四 电火花加工表面质量

电火花加工的表面质量主要包括表面粗糙度、表面变质层两部分。

一、表面粗糙度

电火花加工表面和机械加工的表面不同,它是由无方向性的无数小坑和硬凸边所组成,特别有利于保存润滑油;机械加工表面则由切削或磨削刀痕所组成,且具有方向性。两者相比,在相同的表面粗糙度和有润滑油的情况下,电火花加工表面的润滑性能和耐磨损性能优于机械加工表面。

电火花加工的表面粗糙度可以分为底面粗糙度和侧面粗糙度,同一规准加工出来的侧面粗糙度因为有二次放电的修光作用,往往要好于底面粗糙度。若要获得更好的侧面粗糙度,可以采用平动头和数控摇动工艺来修光。

表面粗糙度与脉冲宽度、峰值电流的关系:

①在峰值电流一定的条件下,随着脉冲宽度的增加,加工表面粗糙度急速下降;

②在脉冲宽度一定的条件下,随着峰值电流的增加,加工表面粗糙度变差。

为了提高表面粗糙度,必须减小脉冲宽度和峰值电流。脉宽较大时,峰值电流对表面粗糙度影响较大;脉宽较小时,脉宽对表面粗糙度影响较大。因此在粗加工时,提高生产率以增大脉宽和减小间隔为主,以便使表面粗糙度不致太高。精加工时,一般以减小脉冲宽度来降低表面粗糙度。

电火花加工的表面粗糙度还取决于以下几个方面:

①工件材料对加工表面粗糙度也有影响。熔点高的材料(如硬质合金),单脉冲形成的凹坑较小,在相同能量下加工的表面粗糙度要比熔点低的材料(如钢)好。当然,加工速度会相应下降。

②工具电极材料也极大地影响工件的加工表面粗糙度,例如:在电火花加工时使用纯铜电极要比黄铜电极加工的表面粗糙度低。精加工时,工具电极的表面粗糙度也影响加工表面粗糙度。一般认为,精加工后工具电极的表面粗糙度要比工件表面低一个精度等级。表面粗糙度高的电极要获得低表面粗糙度工件表面很困难。

③加工速度和表面粗糙度之间存在着很大的矛盾。要获得粗糙度低的工件,必须降低单个脉冲的蚀除量,这样加工时间必然要大大增加。例如,达到 Ra 为 $1.25~\mu m$ 的加工时间比 Ra

为 2.5 μm 要多 10 倍的时间。

　　④异常放电现象如二次放电、烧弧、结炭等都将破坏表面粗糙度,而表面的变质层也会影响工件的表面粗糙度。

　　⑤击穿电压、工作液对表面粗糙度有不同程度的影响。

　　采用"混粉加工"新工艺,可以有效地降低表面粗糙度,达到 Ra 为 0.01 μm 的加工表面。其方法是在电火花加工液中混入硅或铝等导电微粉,使工作液电阻率降低,放电间隙扩大,寄生电容成倍减少;同时每次从工具到工件表面的放电通道被微粉颗粒分割成多个小的火花放电通道,到达工件表面的脉冲能量"分散"得很小,相应的放电痕迹也就较小,可以稳定获得大面积的光整表面。

二、表面变质层

1. 表面变质层的产生

　　放电时产生的瞬时高温高压,以及工作液快速冷却作用,使工件与电极表面在放电结束后产生与原材料工件性能不同的变质层,如图 7.5 所示。

　　工件表面的变质层从外向内又可大致分成三层:放电时被高温熔化后未被抛出的材料颗粒,受工作液快速冷却而凝固黏结于工件表面,形成熔化凝固层;靠近熔化层的材料受放电高温作用及工作液的急冷作用形成淬火层;距表面更深一些的材料则受温度变化影响形成回火层。

　　电极在进行低损耗加工后,其表面会产生一层镀覆层。

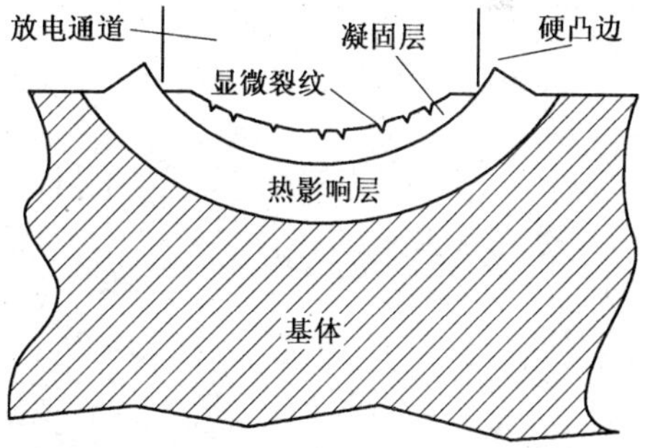

图 7.5　工件表面变质层

2. 表面变质层对加工结果的影响

　　表面变质层的结构和性质会因材料的不同而有差异。一般情况下,表面变质层对加工结果的影响是不利的,表现在以下几个方面:

　　①表面粗糙度。变质层的产生增了材料表面的表面粗糙度。变质层越厚,工件表面粗糙度越高。

　　②表面硬度。变质层硬度一般比较高,并且由外而内递减至基体材料的硬度,增加了抛光的难度。不过这一规律因材料不同而会有差异,如淬火钢的回火层硬度要比基体低,而硬质合金在电加工后反而会在表面产生"软层"。

　　③耐磨性。一般来说,变质层的最外层硬度比较高,耐磨性好,但由于熔化凝固层与基体的黏结并不牢固,因此容易剥落,反而加速磨损。因此,有些要求高的模具需把电火花加工后的表面变质层事先研磨掉。

　　④耐疲劳性能。在瞬间热胀冷缩的作用下,变质层表面形成较高的残余应力(主要为拉应力),并可能因此产生细小的表面裂纹(显微裂纹),使工件的耐疲劳性能大大降低。可见,变质层对工件加工质量和工件使用寿命会产生不利的影响。

3. 对应的工艺措施

　　一般情况下,减少变质层对工件加工结果产生的负面影响措施有两种。

①改善电火花加工参数。脉冲能量越大,熔化凝固层越厚,同时表面裂纹也越明显;而当单个脉冲能量一定时,脉宽越窄,熔化凝固层越薄。因此,对表面质量要求较高的工件,应尽量采用较小的电加工规准,或者在粗加工后尽可能进行精加工。

②进行适当的后处理。由于熔化凝固层对工件寿命有较大影响,因此可以在电加工完成后将它研磨掉,为此需要在电加工中留下适当的余量供研磨及抛光。另外,还可以采用回火、喷丸等工艺处理,降低表面残余应力,从而提高工件的耐疲劳性能。

项目八　电火花成型加工

【项目目的】

了解电火花成型设备的结构,学会电火花成型加工操作,掌握电火花成型基本加工工艺。

【项目内容】

- 电火花成型加工设备;
- 电火花成型加工方法;
- 电火花成型加工夹具;
- 电火花成型加工基本操作过程;
- 加工技巧;
- 加工实例。

任务一　电火花成型加工设备

电火花加工机床设备在最近的几年内有了很大的发展,且种类繁多。不同企业生产的电火花加工机床在机床设备上有所差异。常见的电火花加工机床组成包括:机床主体、控制柜、工作液循环过滤系统等几个部分,另外还有一些机床的附件,如平动头、角度头等。图 8.1 所示为 AQ35L 型号电火花成型机床的构成。

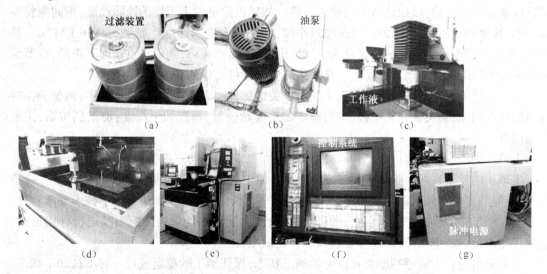

图 8.1　AQ35L 型电火花成型机床的构成

机床主体是机床的机械部分,用于夹持工具电极及支承工件,保证它们的相对位置,并实现电极在加工过程中的稳定进给运动。机床主体主要由床身、立柱、主轴头、工作台及润滑系统组成。

一、床身和立柱

床身和立柱是电火花机床的基础结构。立柱与纵横拖板安装于床身上,变速箱位于立柱顶部,主轴头安装在立柱的导轨上。

床身和立柱是整个机床的主要机械部分,它们一般为铸铁件,应经过时效处理消除内应力,以尽可能减少变形。床身要求具有足够的刚性、抗震性好、热变形小、易于安装调整。床身和立柱的制造和装配必须满足各种几何精度和力学精度,才能保证电极和工件在加工过程中的相对位置,保证加工精度。

二、工作台

工作台主要用于支承和装夹工件。在实际加工中,通过转动纵横向丝杆来改变电极和工件的相对位置。工作台上装有工作液箱,用以容纳工作液,使电极和工件浸泡在工作液中进行放电加工,起到冷却和排屑作用。工作台是操作者在装夹找正时经常移动的部件,通过两个手轮来移动上下拖板,改变纵横向位置,达到电极和被加工件间所要求的相对位置。工作台种类可分为:普通工作台和精密工作台。全数控电火花机床的工作台两侧不安装手轮。

三、主轴头

电火花加工与切削加工不同,属于"不接触加工"。正常电火花加工时,工具和工件间有一放电间隙,如果间隙过大,脉冲电压击不穿间隙间的绝缘工作液,则不会产生火花放电,必须使电极工具向下进给,直到间隙等于或小于某一值(与加工标准有关),才能击穿并产生火花放电。在正常的电火花加工时,工件以一定的速度不断被蚀除,间隙将逐渐扩大,必须使电极工具以速度补偿进给,以维持所需的放电间隙。如果进给量大于工件的蚀除速度,则间隙将逐渐变小,甚至等于零,形成短路。当间隙过小时,必须减少进给速度。如果工具和工件间一旦短路,则必须使工具以较大的速度反向快速回退,消除短路状态,随后再重新向下进给,调节至所需的放电间隙。这些动作都是电火花机床的主轴部件完成的。

主轴头是电火花穿孔成型加工机床的一个关键部件。它的功能是:在加工中,调整和保持合理的放电间隙;装夹和校正电极位置;确定加工起始位置,预置加工深度;加工到位后,主轴自动回升。

主轴头的结构由伺服进给机构、导向和防扭机构、辅助机构三部分构成。

主轴头的质量直接影响加工的工艺指标,如加工效率、几何精度以及表面粗糙度。高精密、高性能的主轴部件是满足高精度加工对设备的基本要求。对主轴头有如下技术要求:

①在加工中,能够调整工具电极的进给速度,使之随着工件被蚀除而不断进行补偿进给;能够保持一定的放电间隙,从而保证持续的火花放电加工。

②在放电过程中能够判断火花放电的加工状态,保证加工的稳定进行。对不良加工状态,如短路、烧弧等能够作出迅速抬刀的保护反应。

③为满足精密加工的要求,需保证主轴移动的直线性。

④主轴应有足够刚性,使电极上不均匀分布的工作液喷射力所造成的侧面位移最小,并且还要具备能承受大电极的安装而不致损坏主轴的防扭机构。

⑤主轴应有均匀的进给而无爬行,在侧向力和偏载力作用下仍能保持原有的精度和灵敏度。

主轴伺服进给机构一般采用步进电动机、直流伺服电动机和交流伺服电动机。日本沙迪克公司首创推出了直线电动机伺服系统的数控电火花机床。直线电动机伺服系统省去了丝杠传动环节,奠定了多轴高速运动的基础。发展到目前,直线电动机技术已比较成熟,直线电动机驱动的数控电火花加工设备,使加工性能获得明显改善。在驱动轴上配置直线电动机从而实现高响应,平滑的驱动、良好的跟踪性,提高了机械系统的稳定性,降低了动作滞后。采用直线电动机可实现高速抬刀技术,派生了免冲液加工工艺,提高了电火花成形加工时间。沙迪克公司的 AQ 系列直线伺服的电火花成形机和 LN 系列的数控电源,可在 0.0001mm 的控制当量条件下使轴的运动速度达到 36m/min。这样的技术指标使得新一代的电火花成形机兼备了高速度和精加工的综合条件。

四、主轴头和工作台的主要附件

1. 可调节工具电极角度的夹头

装夹在主轴下的工具电极,在加工前需要调节到与工件基准面垂直,这一功能的实现通常采用球面铰链;在加工型孔或型腔时,还需在水平面内调节、转动一个角度,使工具电极的截面形状与加工出的工件型孔或型腔位置一致。这主要靠主轴与工具电极安装面的转动机构来调节,垂直度与水平转角调节正确后,用螺钉拧紧。

2. 平动头

平动头是一个能使装在其上的电极产生向外机械补偿动作的工艺附件,工作时利用偏心机构将伺服电极的旋转运动通过平动轨迹保持机构,使电极上每一个质点都能围绕其原始位置在水平面内作平面小圆周运动。平动头在电火花成型加工采用单电极加工型腔时,可以补偿上下两个加工规准之间的放电间隙差和表面粗糙度之差,以达到型腔侧面修光的目的。

3. 油杯

在电火花加工中,油杯是实现工作液冲油或抽油强迫循环的一个主要附件,其侧壁和底边上开有冲油孔和抽油孔,电蚀产物在放电间隙通过冲油和抽油排出。因此油杯结构的好坏对加工效果有很大影响。工作液在放电加工时分解产生气体(主要是氢气),如果不能及时排出而存积在油杯里,在电火花放电时就会产生放炮现象,造成工具和电极的位移,影响被加工工件的尺寸精度。因此油杯通常有以下几点要求:

①油杯要有合适的高度,在长度上能满足加工较厚工件的电极,在结构上应满足加工型孔的形状和尺寸要求。油杯的形状一般有圆形和长方形两种,必须具备冲油和抽油的条件,但不能在顶部积聚气泡。为此,抽油抽气管应紧挨在工件底部,如图 8.2 所示。

②油杯的刚度和精度要好,根据实际加工需要,油杯两端平面度一定不能超过 0.01 mm,同时密封性要好,防止出现漏油现象。

③图 8.2 中油杯底部的抽油孔,如果底部安装不方便,也可安置在靠底部侧面,也可省去抽油抽气管和底板,而直接安置在油杯侧面的最上部。

五、脉冲电源

脉冲电源是电火花加工机床的重要组成部分。脉冲电源输出的两端分别与电极和工件连接。在加工过程中向间隙不断输出脉冲,当电极和工件达到一定间隙时,工作液被击穿而形成脉冲火花放电。由于极性效应,每次放电而使工件材料被蚀除。电极向工件不断进给,使工件被加工至要求形状。

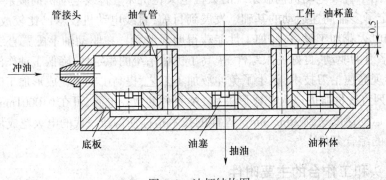

图 8.2　油杯结构图

六、工作液系统

电火花加工一般是在工作液中进行的。工作液对加工过程有如下作用:压缩放电通道,使放电能量集中在局部区域内,提高材料蚀除效果;加速极间介质的消电离过程,以利于防止持续电弧放电;减少工具电极的损耗;加剧放电时的流体动力过程,以利于熔化金属的抛出;在极间流动,以利于加速蚀除产物的排除。

工作液系统一般包括工作液箱、电动机、泵、过滤器、管道、阀、仪表等。工作液箱可以放入机床内部成为整体,也可以与机床分开,单独放置。

1. 工作液循环系统

放电间隙中的电蚀产物除了靠自然扩散、定期抬刀以及使用工具电极附加振动等排除外,常采用强迫循环的办法加以排除,以免间隙中电蚀产物过多,引起已加工过的侧表面间“二次放电”,影响加工精度,此外也可带走一部分热量。对工作液进行强迫循环,是加速电蚀产物的排除,改善极间加工状态的有效手段。

工作液强迫循环可分为冲油式和抽油式两种形式,如图 8.3 所示。图 8.3(a)所示为冲油式,排屑能力强,但电蚀产物通过已加工区,可能产生二次放电,影响加工精度;图 8.3(b)所示为抽油式,电极产物从待加工区排出,不影响加工精度,但加工过程中分解出的可燃气体容易积聚在抽油回路的死角处而引起“放炮”现象。

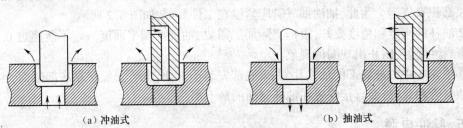

(a)冲油式　　　　　　　　　　　(b)抽油式

图 8.3　工作液强迫循环方式

数控电火花成型加工机床工作液循环系统还提供脉动冲液方式,与电极抬升配合,既能充分排除电蚀产物,又减少了因冲液压力及流速过大对电极损耗与加工稳定性的影响。根据不同情况,工作液循环供液方式可编程控制。

2. 工作液的过滤

为了防止工作液越用越脏,影响加工性能,必须不断净化、过滤,一般有自然沉淀法、介质过滤法、离心过滤法、静电过滤法等几种净化、过滤方式。

采用自然沉淀法时,工作液自然沉淀净化,周期较长;采用离心过滤法时,工作液进入旋转的转鼓,离心作用使电蚀产物分离出来并沉淀在转鼓壁上,从而得到清洁的工作液;采用静电过滤法时,工作液进入高压静电场,电蚀产物因电场力的作用而产生定向运动并黏附在静电场中的电极表面,从而得到清洁的工作液;采用介质过滤法时,工作液通过过滤介质层,电蚀产物被阻塞于滤层的微孔之外或黏附于微孔孔壁上,从而得到清洁的工作液。

自然沉淀法因周期较长而较少应用,离心过滤法和静电过滤法由于技术较复杂,应用也受到一定的限制,而介质过滤法则获得广泛应用。对于中小型机床、加工量不大时,一般都能满足过滤要求,过滤介质可就地取材,其中过滤纸效率较高,性能较好。

目前广泛使用纸芯过滤器,其优点是过滤精度较高,阻力小,更换方便,耗油量小,特别适用于大、中型电火花加工机床,一般可连续应用250~500 h,用后经反冲或清洗仍可继续使用。

七、伺服进给系统

在电火花加工过程中,电极和工件之间必须保持一定的间隙,但是由于放电间隙很小,而且与加工面积、工件蚀除速度等有关,因此电火花加工的进给速度既不是等速的,也不能靠人工控制,而必须采用伺服进给系统。这种不等速的伺服进给系统也称为自动进给装置。电火花加工机床的伺服进给系统的功能就是在加工过程中始终保持合适的火花放电间隙。伺服进给系统安装在主轴头内。

1. 对伺服进给系统的要求

电火花加工机床的伺服进给系统是电火花机床设备中的重要组成部分,它的性能将直接影响加工质量,因此对其通常有以下几点要求:

①高度的灵敏性。电火花的加工状态随电极材料、极性、工作液、电规准以及加工方式的不同而不同,自动调节器应该能够适应各种状态下的间隙特性。

②运动特性要适应各种加工状态。

③在加工过程中,各种异常放电经常发生,自动调节器要对各种异常放电有所反应,调整、滞后尽量要小。

④要有较好的稳定性和抗干扰能力。

2. 伺服进给系统驱动类型有

①电液压式已淘汰。

②步进电动机价廉,调速性能稍差,用于中小型数控机床。

③宽调速力矩电动机价高,调速性能好,用于高性能电火花机床。

④直流伺服电动机用于大多数电火花成型加工机床。

八、数控系统

电火花成型加工的控制参数多、实时性要求高，加工中要监测放电状态来控制伺服进给和回退，同时还要控制抬刀和摇动，这些都是实时进行的，并且要依据放电状态的好坏来实时调整控制参数。另外，电火花成型加工的工艺性也非常强（影响因素多、随机性大）。将普通电火花机床上的移动或转动改为数控之后，会给机床带来巨大的变革，使加工精度、加工的自动化程度、加工工艺的适应性、多样性（称为柔性）大为提高；使操作人员大为省力、省心，甚至可以实现无人化操作。数控化的轴越多，加工的零件可以越复杂。

国内数控技术发展非常快，但与发达国家相比还有较大差距。总的来看，数控系统正朝着开放式体系结构、高速、高精、高效化、柔性化、软件化、智能化等方向发展。

数控电火花加工机床有 X、Y、Z 三个坐标轴。高档系统，还有三个转动的坐标轴。其中绕 Z 轴转动的称 C 轴，C 轴运动可以是数控连续转动，也可以是不连续的分度转动或某一角度的转动。

一般冲模和型腔模，采用单轴数控和平动头附件即可进行加工；复杂的型腔模，需采用 X、Y、Z 三轴数控联动加工。加工须在圆周上分度的零件或加工有螺旋面的零件，需采用 X、Y 轴和 C 轴四轴多轴联动的数控系统。

数控进给伺服系统可以分为开环控制系统、半闭环控制系统和闭环控制系统三种。

1. 开环控制系统

这是数控机床中最简单的伺服系统。开环控制系统没有反馈信号，数控装置发出的指令脉冲，送到步进电动机，通过齿轮副和丝杠螺母副带动机床工作台移动。由于没有检测反馈装置，执行机构是否完成了指令，数控系统无从得知，也就无法补偿，所以精度比较低。但由于其结构简单，易于调整，在精度要求不太高的场合中应用仍然比较广泛。

2. 闭环控制系统

闭环控制系统是采用直线形位置检测装置（如直线感应同步器、长光栅等）对数控机床工作台位移进行直接测量，并将测量的实际位置反馈到输入端与指令位置进行比较。如果两者存在偏差，将此偏差信号放大，并控制伺服电动机带动数控机床移动部件朝着消除偏差的方向进给，直到偏差等于零为止。

由于闭环控制系统将数控机床本身包括在位置控制环之内，因此机械系统引起的误差可由反馈控制得以消除，但数控机床本身的固有频率、阻尼、间隙等因素的影响，增大了设计和调试的困难。闭环控制系统的特点是精度高、系统结构复杂、制造成本高、调试维修困难，一般适合于大型精密机床。

3. 半闭环控制系统

半闭环控制系统不是直接检测工作台的位移，而是检测丝杠或步进电动机轴，所以半闭环控制系统的精度比闭环系统要差一些，但驱动功率大，快速响应好，因此适用于各种数控机床。半闭环控制系统的机械误差，可以在数控装置中通过间隙补偿和螺距误差补偿来减少系统误差。

半闭环控制系统采用旋转型角度测量元件，如脉冲编码器、旋转变压器、圆感应同步器等，来进行检测，并将检测结果反馈回数控系统。

九、电火花机床控制柜

电火花机床控制柜是用于操作电火花加工机床的设备，通过输入指令进行加工的。控制柜按功能不同而有所区别，有些控制柜只有各种触摸式控制按钮，而没有显示屏；而另外一些机床则配置了电脑屏幕的控制柜，它通过一个键盘来输入指令。一般中型或大型机床还会配置一个手控盒。

任务二　电火花成形加工工艺方法

电火花成型加工工艺的主要工艺方法有单电极直接成形法、多电极更换成形法、分解电极成形法、数控摇动成形法、数控多轴联动成形法等。选择时要根据工件成型技术要求、复杂程度、工艺特点、机床类型及脉冲电源的技术规格、性能特点确定具体采用的加工方法。

一、单电极直接成形法

单电极直接成形法是指电火花加工中只用一只电极加工出所需的型腔部位。这种工艺方法操作简单，整个加工过程只需一只电极，不需进行重复的装夹操作，提高了操作效率，节省了电极制造成本。适用于下列几种情况：

①用于没有精度要求的电火花加工场合。例如用电火花加工取出折断于工件中的钻头、丝锥、顶杆等。

②用于加工形状简单、精度要求不高的型腔和经过预加工的型腔。例如大型模具或一些精度要求不高的模具的电火花加工，模具零件的大多数成形部位没有精度要求，电火花加工后电极损耗的残留部位完全可以通过钳工的修整来达到加工要求。

③用于加工深度很浅或加工余量很小的型腔。由于加工量不大，所以电极相对损耗较小，用一只电极进行加工就能满足加工精度要求。像一些花纹模、模具表面图案的加工。另外，目前应用高速铣削技术完成模具大多数部位的加工，但因为刀具加工形状的原因，有些部位不能加工到位，要求留下很小的加工余量由电火花加工完成，像这样的"清角加工"非常适合选择单电极直接成形工艺。

④采用一只电极，用数控电火花机床进行摇动加工，首先采用低损耗、高生产率的粗规准进行加工，然后利用摇动按照粗、中、精的顺序逐级改变电规准，加大电极的平动量，以补偿前后两个加工规准之间型腔侧面放电间隙差和表面微观不平度差，实现型腔侧面仿型修光，完成整个型腔模的加工。这种方法的形状精度不太高。

⑤如果加工部位为贯通形状，则可以加大电极的进给深度，用一只电极通过贯通延伸加工就可弥补因电极底面损耗留下的加工缺陷，如图 8.4 所示。加工有斜度的型腔，电极在做垂直进给时，对倾斜的型腔表面有一定的修整、修光作用，通过多次加工规准的转换，不用摇动加工方法就可以用一只电极修光侧壁，达到加工目的，如图 8.5 所示。

二、多电极更换成形法

多电极更换成形法是根据加工部位在粗、半精、精加工中放电间隙不同的特点，采用几个相应尺寸缩放量的电极完成一个型腔的粗、半精、精加工。

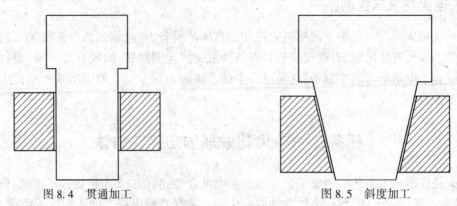

图 8.4　贯通加工　　　　　　　　　　　图 8.5　斜度加工

　　多电极更换法加工过程如图 8.6 所示,先用粗加工电极蚀除大量金属,然后再换半精加工电极完成粗加工到半精加工的过渡加工,最后用精加工电极进行精加工。每个电极加工时,必须把上一规准的放电痕迹去掉。一般用两个电极进行粗、精加工就可满足要求,当型腔模的精度和表面质量要求很高时,才采用粗、半精、精加工电极进行加工,必要时还要采用多个精加工电极来修整精加工的电极损耗。

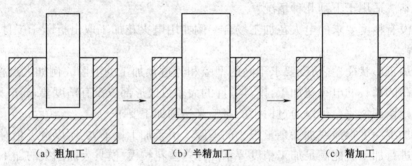

（a）粗加工　　　　　　　　（b）半精加工　　　　　　　　（c）精加工

图 8.6　多电极更换成形工艺示意图

　　多电极更换成形工艺可以配合摇动工艺来加工。采用摇动工艺,可以改善加工中放电的稳定性,尤其是在精加工电极中,由于加工的电蚀能力很弱,如果不采用摇动工艺,则很容易引发放电不稳定的情况,因此可以将精加工电极的缩放尺寸适当做大些,采用摇动工艺进行加工,但在形状精度要求较高的加工中,尺寸缩放量不能选得过大。一般粗加工电极的尺寸缩放量取 0.2~0.3 mm,精加工电极的尺寸缩放量取 0.06~0.12 mm。

　　在不采用摇动工艺的加工中,精加工电极的尺寸缩放量一般取得比较小,可以提高加工的复制精度。但因是小间隙加工,只能用在细小或较浅的加工部位。

　　多电极更换成形工艺要求多个电极的一致性要好、制造精度要高。另外,更换电极的重复装夹、定位精度要高。目前,采用高速铣削制造电极可以保证电极的高精度要求,使用基准球测量的定位方法可以保证很高的定位精度,快速装夹定位系统可以保证极高的重复定位精度。因此,多电极更换成形工艺能达到很高的加工精度,非常适宜于精密零件的电火花加工,这种工艺方法在实际加工中被广泛应用。

三、分解电极成形法

分解电极成形法是单电极直接成形法和多电极更换成形法的综合应用。它的工艺灵活性强、仿真度高,适用于尖角、窄缝、沉孔、深槽多的复杂型腔模具加工。

分解电极成形法是根据型腔的几何形状,把电极分解成主型腔电极和副型腔电极分别制造,分别使用。主型腔电极一般完成去除量大、形状简单的主型腔加工,如图 8.7(a)所示;副型腔电极一般完成去除量小、形状复杂(如尖角、窄槽、花纹等)的副型腔加工,如图 8.7(b)所示。

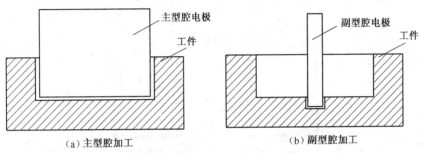

（a）主型腔加工　　　　　　　　　　　（b）副型腔加工

图 8.7　分解电极成形工艺示意图

此方法的优点是可以根据主、副型腔不同的加工条件,选择不同的加工规准,有利于提高加工速度和改善加工表面质量,能分别满足型腔各部分要求,保证模具的加工质量。同时,还可以简化电极制造的复杂程度,便于修整电极。重点是必须保证更换电极时,主型腔和副型腔电极之间要求的位置精度。

近年来,由于多轴数控电火花加工机床的发展,已广泛采用像加工中心那样具有电极库的加工方法,事先把复杂型腔分解为简单形状和相应的简单电极,编制好程序,加工过程中自动更换电极和转换规准,实现复杂型腔的加工。同时配合一套高精度辅助工具、夹具系统,可以大大提高电极的装夹定位精度,使采用分解工具电极法的优势越来越明显,应用越来越广泛。

四、数控摇动成形法

数控电火花机床具有 X、Y、Z 等多轴数控系统,工具电极和工件之间的运动可多种多样。利用工作台或滑板按一定轨迹在加工过程中做微量运动,通常将这种加工称为摇动加工。由于摇动轨迹是靠数控系统来控制的,所以具有更灵活多样的模式,摇动轨迹有圆形、方形、十字形、球形、三轴放射形等,如图 8.8 所示。加工时,根据电极形状和目的选择摇动类型。

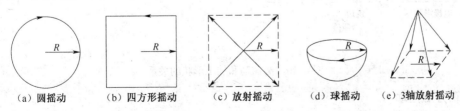

（a）圆摇动　　　（b）四方形摇动　　　（c）放射摇动　　　（d）球摇动　　　（e）3轴放射摇动

图 8.8　代表性的摇动类型

数控摇动加工有以下特点：

①可逐步修光侧面和底面。由于在所有方向上发生均匀放电，可以得到均匀微细的加工表面。

②可以精确控制尺寸精度，通过改变摇动量，可以方便地得到指定的尺寸，提高加工精度。

③可以加工出清棱、清角的侧壁和底边。

④变全面加工为局部加工，改善了加工条件，有利于排屑和稳定加工，可以提高加工速度。

⑤由于尖角部位的损耗小，如图 8.9 所示，可以使用的电极根数可以减少。

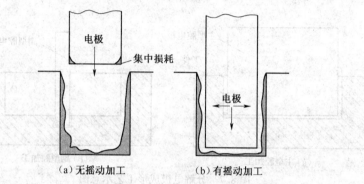

图 8.9 摇动加工减小电极损耗

1. 圆摇动

由于圆摇动能向电极所有方向均匀地扩大尺寸，所以可以对应所有的形状。但在电极的内角部位，半径有相当于摇动量大小的减少；而外角部位，半径有相当于摇动量大小的增加，因此在电极制作时要注意，如图 8.10 所示。

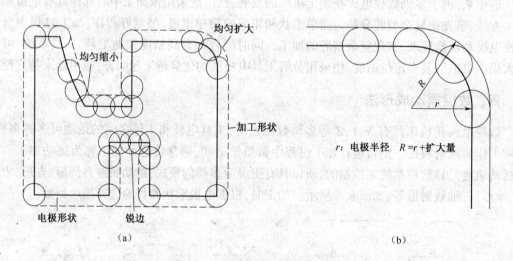

图 8.10 圆摇动和加工形状的关系

2. 正方形摇动

由于正方形摇动沿电极的 X 轴和 Y 轴进行平行摇动，所以在四角尖角处容易得到锐边，但在圆弧部位扩大量增加，需要加以注意，如图 8.11 所示。

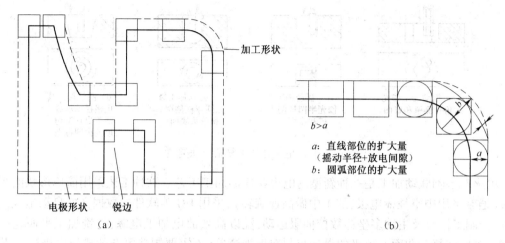

图 8.11 正方形摇动和加工形状的关系

在复杂形状的摇动加工中,同一电极上有方形和圆时,在用圆摇动进行加工中,边角部分的形状容易破坏,如图 8.12(a)所示。另外,在用正方形摇动加工中,半圆部分的形状容易被破坏,如图 8.12(b)所示。对于这类情况,需要想法减小精加工电极的缩小量,把边角部分和半圆部分的形状破坏量控制在最小限度之内。正方形和半圆部分都要求进行高精度加工时,需要采取措施,对正方形和半圆部分分别制作电极,用符合各自形状的电极进行摇动加工。

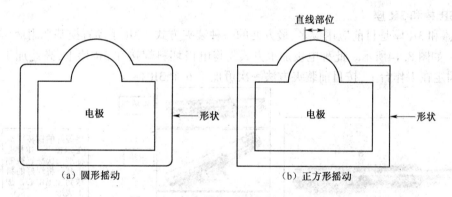

图 8.12 复杂形状不同摇动加工的效果

数控电火花机床不仅能够实现简单形状的摇动加工,而且能够实现多方向的复杂摇动加工。图 8.13 所示为电火花三轴数控摇动加工(指加工轴在数控系统控制下向外逐步扩弧运动)型腔。图 8.13(a)为摇动加工修光六角型孔侧壁和底面;图 8.13(b)为摇动加工修光半圆柱侧壁和底面;图 8.13(c)为摇动加工修光圆球柱的侧壁和球头底面;图 8.13(d)为用圆柱形工具电极摇动展成加工出任意角度的内圆锥面。

五、数控多轴联动成形法

数控电火花机床多轴联动是指 X、Y、Z、B、C 中几个轴(至少有两个轴)能同时联动,类似于多轴控制的数控铣削,可以实现以简单电极加工出复杂零件。

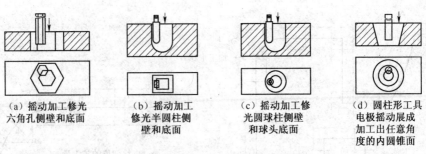

（a）摇动加工修光　　　　（b）摇动加工　　　　（c）摇动加工修　　　　（d）圆柱形工具
六角孔侧壁和底面　　　　修光半圆柱侧　　　　光圆球柱侧壁　　　　电极摇动展成
　　　　　　　　　　　　壁和底面　　　　和球头底面　　　　加工出任意角
　　　　　　　　　　　　　　　　　　　　　　度的内圆锥面

图 8.13　电火花加工复杂摇动类型

　　电火花多轴联动加工是一种新型的电火花成形加工工艺。这种工艺采用简单形状的工件电极（通常采用中空柱棒电极，加工中做高速旋转），采用 UG 等软件的数据文件自动生成加工指令，控制工作台及主轴多坐标数控伺服运动，配以高效放电加工电源，仿铣加工平面轮廓曲线和三维空间复杂曲面。电极的设计与制造极为简单（不需要制造复杂的成形电极），工艺准备周期短，成本低，能加工机械切削难以加工的材料，如高温耐热合金、钛合金、不锈钢等，易于实现柔性化生产，是实现面向产品零件的电火花成形加工技术的有效途径，主要用于航空发动机、燃气轮机制造等领域。

任务三　电火花成型加工夹具

1. 3R 棒和 3R 座

　　3R 棒和 3R 座是目前应用最多、最方便的一种装夹方式。3R 手动置换基准用液压锁定装夹 3R 棒，如图 8.14 所示。此种电极加工方式先将电极坯料焊接在 3R 棒上，高速加工中心用此夹具固定在工作台上，按目前装夹方法一次可加工 6 个 3R 棒。

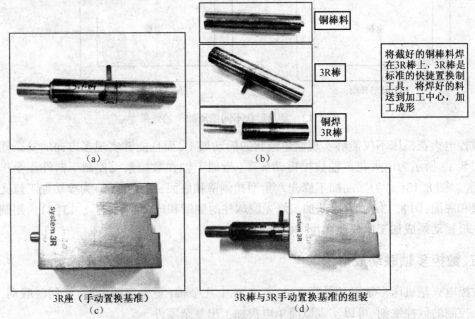

图 8.14　3R 治具组合的应用

2. 3R 片+自制夹具

3R 片+自制夹具应用量仅次于 3R 棒的一种装夹方式。定位主要依靠 3R 片后端的"十"字形定位结构与机床 Z 轴头部结构配合,如图 8.15 所示,电极用螺丝装夹在装夹座中。

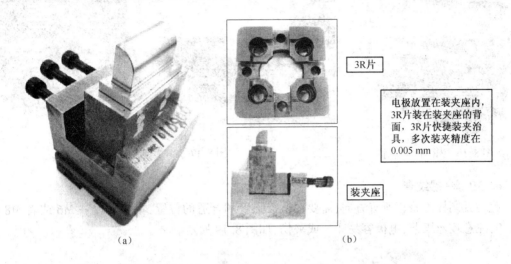

（a）　　　　　　　　　　　（b）

图 8.15　3R 片与 3R 的组合

此种电极加工方式为铣床按电极尺寸要求备料,然后将坯料用螺丝固定在夹具中(此螺钉直到电极报废才可松开),高速加工中心将此夹具固定在工作台上加工。采用此方法进行放电装夹的特点与第一个相同,需操作者找正一个方向,即 U 轴,其他方向无须找正。

3. 3R 片+带螺纹孔的块状电极

电极的装夹不是用自制夹具,而是直接在电极上攻丝将电极固定在 3R 片上,如图 8.14 所示。可加工的电极体积大一些。此类电极加工方法为铣床备料攻丝 4×M6,螺纹间距为 28.5 mm×28.5 mm,即在 3R 片上螺丝位置尺寸。加工中心直接将此电极固定在工作台上 3R 片配合使用的 3R 基准座上。

4. 3R 片+板

主要用来制作组合电极,特点是省铜料,可将两个或两个以上的放电位置组合到一个电极上,以提高放电加工效率。这种电极组合只能加工形体位置精度要求不高,形位公差在 0.02 mm 以上的工件,或者当作粗加工电极使用,此组合的电极越多,提高加工效率的效果越明显。图 8.16 所示为 3R 片的应用。

此类电极加工方法为:板规格共 4 种,分别是 150 mm×150 mm、100 mm×100 mm、80 mm× 80 mm、50 mm×50 mm,尺寸超出规格加工电极精度差,误差增大到 0.03 mm 以上。根据电极图给出单个铜棒电极位置尺寸在板上划出标记来,根据标记不同选择不同铜棒直径尺寸焊在对应位置上,送加工中心进行安装加工,为了保证加工精度,加工中心每次加工组合电极的时候都要铣基准边,方便放电加工验证 XY 轴项是否平行,如图 8.17 所示。

5. 3R 棒+小平口钳

此治具目前主要应用于装夹尺寸小于 25 mm 块状电极,此类电极加工工艺较多不能焊接或装夹通用治具加工,比如中间需要线切割加工一个异型等,该治具结构如图 8.18 所示。使用方法:将电极毛刺清理好,去除氧化层后,夹在钳子上;将钳柄部位装夹在 3R 调整头内,调整头部,将电极调整到 X、Y、Z 都达到 0.003 mm 范围内放电加工。

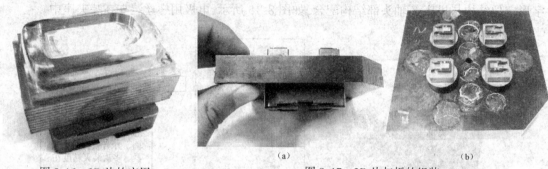

图 8.16 3R 片的应用

(a)

(b)

图 8.17 3R 片与板的组装

6. 3R 座+螺纹套

此夹具同样可找正所有方向,需要在电极强度和合适的位置,本例为攻一 M6 或者 M8 的丝。需注意攻丝工艺,电极容易碰伤或夹伤,如图 8.19 所示。

图 8.18 3R 棒与小平口钳

电极 螺纹套 3R 片

图 8.19 3R 座+螺纹套

任务四 电火花成型加工操作流程

一、电火花成型加工操作流程(图 8.20)

电火花成型加工操作流程包括加工零件图的分析,加工方法的选择,电极和工件的准备,安装和找正,加工程序编制,加工规准的选择、转换,电极平动(摇动)量的分配,加工及检验等。

二、电火花成型加工过程

1. 零件图工艺分析及加工方法选择

对加工零件图进行分析,了解工件的特点、材料,明确加工要求。根据加工对象、精度及表面粗糙度等要求和机床功能选择采用单电极直接加工、单电极平动加工、多电极更换加工、分解电极加工、数控摇动加工及数控多轴联动加工等。

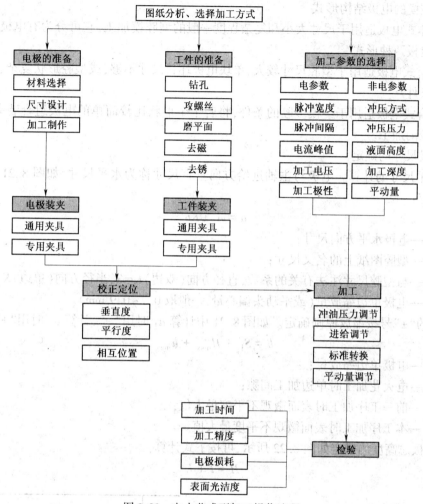

图 8.20　电火花成型加工操作流程

2. 选择与放电脉冲有关的参数

根据加工表面粗糙度及精度要求选择确定与放电脉冲有关的参数。

3. 电极的准备

（1）电极材料的选择

常用的电极材料可以分为石墨和铜，一般精密、小电极用铜加工，而大的电极用石墨。

（2）电极的设计

电火花成型加工是采用成型工具电极进行仿形电火花加工，在工件上加工出形状近似工具电极的型孔或型腔。因此，电极设计前，首先要详细分析产品图纸，确定用电火花成型加工的位置；其次是根据现有的设备、材料、拟采用的加工工艺等具体情况确定电极的结构形式；第三是根据不同的电极损耗、放电间隙等工艺要求对照型腔尺寸进行尺寸缩放，同时还要考虑加工废屑对电极和工件二次放电产生的影响。在确定电极损耗时，要根据电极形状分析电极与工件是全接触还是点接触，或随着加工进行逐渐增大接触面积直至全接触来确定电极尺寸补偿。

①型腔模的电极结构形式

a. 整体式电极适用于尺寸大小和复杂程度一般的型腔模加工,它可分为有电极固定板和无电极固定板两种形式。

b. 镶拼式电极适用于型腔尺寸较大、单块电极坯料尺寸不够,或型腔形状复杂、电极易分块制作的条件。

c. 组合式电极适用于一模多腔的条件,将若干个形状比较简单的电极组合装夹,同时完成多个型腔的加工。

②电极尺寸的确定

a. 水平尺寸的计算。电极与主轴进给方向垂直尺寸称为水平尺寸,如图 8.21 所示。可用下式确定:

$$a = A \pm Kb$$

式中　a——电极水平方向尺寸;

　　　A——型腔图纸上的名义尺寸;

　　　K——与型腔尺寸注法有关的系数,直径方向(双边)$K=2$,半径方向(单边)$K=1$;

　　　b——电极单边缩放量(或平动头偏心量,一般取 $0.7 \sim 0.9$ mm)。

式中的"$\pm$"号按缩放原则确定。如图 8.21 中计算 a_1 时用"$-$",计算 a_2 时用"$+$"。

$$b = S_L + H_{max} + h_{max}$$

式中　b——电极单边缩放量;

　　　S_L——电火花加工时单边加工间隙;

　　H_{max}——前一工序加工时表面微观不平度最大值;

　　h_{max}——本工序加工时表面微观不平度最大值。

b. 电极总高度的确定如图 8.22 所示,可按下式计算:

$$H = l + L$$

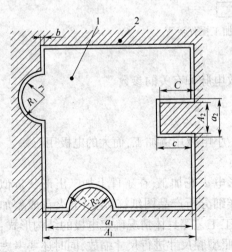

图 8.21　电极水平截面尺寸缩放示意图
1—工具电极;2—工件型腔

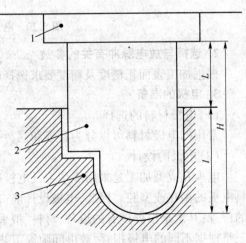

图 8.22　电极总高度确定说明
1—夹具;2—电极;3—工件

式中　　*H*——除装夹部分外的电极总高度;

　　　　　l——电极每加工一个型腔,在垂直方向的有效高度,包括型腔深度和电极端面损耗量,并扣除端面加工间隙值;

　　　　　L——考虑到加工结束时,在垂直夹具不和模块或压板发生接触,以及同一电极需重复使用而增加的高度。

由于型腔模具一般为盲孔,在某些部位应设计排气孔和冲液孔,从而提高加工速度、加工过程的稳定性和工件的表面质量。

(3)型腔电极的制造

用于型腔加工的电极选择取决于选用的电极材料、电极与型腔的精度以及电极的数量。常用的方法有:

①切削加工。常用的有铣、车以及平面和圆柱面磨削。

②数控铣削加工。可以完成型面复杂的电极制造,重复生产精度高。

③靠模铣削加工。它是加工多个电极的有效方法,如果制造模型时没有考虑减少尺寸量,可以通过靠模来获得。

④电火花线切割加工。它是目前很常用的一种电极加工方法,可以完成复杂形状、精度高的电极加工。电火花线切割很难加工石墨材料。

⑤电铸加工。电铸电极是一种发展较快的铜电极加工方法,这里所指的电铸,是一种快速电镀方法的使用。其镀层厚度可达 3 mm,只要掌握好电铸工艺,就可以获得很致密的电铸金属组织(因为铜电铸层得到的是纯铜)。使用电铸法制作的电极电火花加工时和紫铜一样放电性能特别好,主要用于大尺寸电极制造。

4. 工件的准备

电火花加工在整个零件的加工中属于最后一道工序或接近最后一道工序,所以在加工前宜认真准备工件,工件准备主要考虑工件的预加工、基准面和冲液孔的加工、热处理工序安排等。

(1)工件的预加工

电火花加工前,工件型孔部分要加工预孔,并留适当的电火花加工余量,一般每边留余量0.3~1.5 mm,力求均匀。如果加工形状复杂的型孔,余量要适当增大。凹模采用阶梯空刀时,台阶加工应深度一致。型孔有尖角部位时,为减少电火花加工的角损耗,加工预孔要尽量做到清角。螺孔、螺纹、销孔均需加工出来。

(2)工件的热处理

在生产中可根据型腔模具的要求、工件材料热处理变形情况等具体条件,恰当地安排热处理工序。

(3)基准面

要进行电火花加工的工件形状必须有一个相对于其他形状、孔或表面容易定位的基准面,这个基准面必须精密加工。通常基准面从水平或垂直的两个中选取或者从中心孔和一个底面选取。

(4)其他工序

包括磨光、除锈、去磁等。

5. 编制、输入程序

一般采用国际标准 ISO 代码。加工程序由一系列适应不同深度的工艺和代码所组成。

①自动生成程序系统编程；

②用手动方式进行编程；

③用半自动程序系统进行编程；

④基本指令

目前大部分放电机床均实现了数字化，因此，除了可以使用常规的手动操作外，一些指令的输入也可以大大提高工作效率，可以精确定位机床悬臂，设定工件坐标等。例如输入"G00XYZ"然后按"ENTER"键机床悬臂就会移动到目前坐标系的(0,0,0)处。常用的机床指令分"G 指令""M 指令"等，现简单介绍，见表 8.1～表 8.3。

表 8.1 G 指令说明

G 指令	功　能	格式与用法
G00	快速定位移动	G00 X/Y/Z000.000
G01	直线加工	G01 X/Y/Z000.000
G54、G55、G56、G57	常用坐标系	
G＊54、G＊55、G＊56、G＊57	＊表示 1~9 整数，其他坐标系	
G80	移动到接触感知(定位时使用)	G80 轴，如 G80 X- 向 X 轴负方向移动到接触感知后停止
G81	移动到机械的极限代码	G81 X+,表示向 X 轴正方向移动到极限
G82	移动到原点与现在位置的一半	G82 X-20.000 移动 X-10.000 位置
G90	绝对坐标指令	设定坐标点 X＋20. Y－10. Z＋15. 为工件的原点，格式为：G54G92X0.000 Y0.000 Z0.000 U0.000 回车确认
G91	增量坐标指令	
G92	设定坐标原点的指令	

表 8.2 M 指令说明

M 指令	功　能	格式与用法
M00	程序暂时停止	在程序中间插入
M02	程序终止	程序尾使用
M04	返回加工开始位置	例，G01 Z-20. M04,意思是加工到 Z 方向深 20 mm 以后再返回到起初位置
M05	忽略接触感知，只在程度段中有效	若机床悬臂碰到了工件，机床会报警，提示"发生了接触感知…"。有时需要忽视掉此报警，例如：M05 G00 X20. 忽略此报警将电极移向 X 轴正向 20 mm
M98	调用子程序，与 P 代码组合使用	比如，N2000 定义程序名为 2000,M98P2000 表示引用子程序 2000
M99	与 M98 相对的结束子程序	同上

表 8.3　放电加工常用的组合指令

组合指令	功　　能	格式与用法
Q1500	外形分中	格式:Q1500(X.XXX,X.XXX), 例如,Q1500(10.0,5.0),输入后按"ENTER"键,运行完毕后机床返回工件的四面外形中心,如下图所示。
Q1510	X 方向外形分中	格式同上
Q1520	Y 方向外形分中	格式同上
Q1400	内形分中	Q1400(X.XXX,X.XXX),区别就是第一个数字表示先快速移动到接近要接触工件的位置,如 Q1400(2.0,5.0)表示基准球先往下走 5 mm,然后 X 或 Y 方向快速移动 2 mm,进行接触感知测量
Q1410	X 方向内形分中	格式同上
Q1420	Y 方向内形分中	格式同上

6. 电极的装夹与定位

电极和工件在电火花加工前,必须借助通用或专用的工装夹具及测量仪器进行装夹和校正定位。电极和工件装夹定位的质量,直接影响加工过程的稳定性和加工精度。

(1)电极装夹与校正

电极装夹与校正的目的,是把电极牢固地装夹在主轴的电极夹具上,并使电极轴线平行主轴头轴线,保证电极与工件台的垂直,必要时还要保证电极的横截面基准与机床的 X、Y 轴平行。

①电极装夹。电极在安装时,一般使用通用夹具或专用夹具直接将电极装夹在机床主轴的下端。小型整体式电极多数采用通用夹具直接装夹在机床主轴的下端。多电极可选用配置了定位块的通用夹具定位块装夹或专用夹具装夹。镶拼式电极的装夹比较复杂,一般先用连接板将几块电极拼接成所需的整体,然后再用机械方法固定,也可用聚氯乙烯醋酸溶液或环氧树脂黏结。在拼接时各结合面需平整密合,然后再将连接板连同电极一起装夹在电极柄上。

装夹电极时应注意以下事项:

a. 电极与夹具的安装面必须清洗或擦拭干净,保持接触良好。

b. 用螺钉紧固时,用力要适当,避免用力过大电极变形或用力过小装夹不牢。要使电极在加工中不产生任何松动,并尽量将电极夹正,防止垂直度误差太大。

c. 对于细长电极,伸出部分的长度在满足加工要求前提下尽可能短,以提高刚性。

d. 石墨是一种脆性材料,在紧固时,只需施加金属材料的 1/5 紧固力。若电极为薄板时,还可用导电性黏结剂进行黏结。

e. 对于大型电极,夹具的刚度是极为重要的,否则将造成不必要的精度误差和加工效率的降低。当电极质量超过 15 kg 时,应采用固定板型夹具。

②电极的校正。电极装夹后,应该进行校正,主要是检查电极的垂直度,即使其轴线或轮

廓线垂直于机床工作台面。

　　a. 按电极基准面校正电极。对于侧面有较长直壁面的电极,采用精密角尺和千分表进行校正,如图 8.23 和图 8.24 所示。

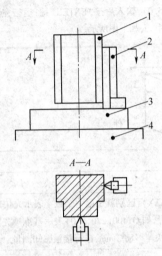

图 8.23　用角尺校正电极垂直度
1—电极;2—精密直角尺;3—工件;4—工作台

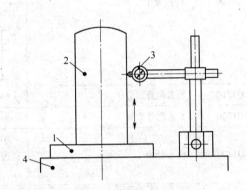

图 8.24　用千分尺校正电极垂直度
1—工件;2—电极;3—千分表;4—工作台

　　b. 按辅助基准面(固定板)校正电极。对于型腔外形不规则、侧面没有直壁面的电极,可按电极(或固定板)的上端面作辅助基准,用千分表检验电极上端面与工作台面的平行度,如图 8.25 所示。

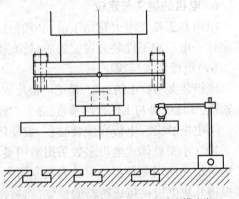

图 8.25　按辅助基准面校正型腔模电极

　　(2)工件的装夹与校正

　　在实际生产中,工件常用垫块及压板、磁性吸盘、虎钳等固定在机床工作台上,多数用千分表(或百分表)来校正,使工件的基准面分别与机床的 X、Y 轴平行。一般情况下,工件可直接装夹在垫块或工作台面上。采用下冲油时,工件可装夹在油杯上,通过压板压紧。工作台有坐标移动时,应使工件基准线与拖板一轴移动方向一致,便于电极和工件间的校正定位。

　　①工件的定位。工件定位分两种情况,一种是画线后按目测打印法校正,适合工件毛坯余量较大的加工,这种定位方法较简单;另一种是借助量具块规、卡尺等和专用二类夹具来定位,适合工件加工余量少,定位较困难的加工。

　　②工件的压装。工作台上的油杯及盖垫板中心孔要与电极找同心,以利于油路循环,提高加工稳定性。同时,使工件与工作台平行,并用压板妥善地压紧在油杯盖板上,防止在加工中由于"放炮"等因素造成工件的位移。

　　(3)电极与工件相对位置校正

　　当电极和工件都正确装夹、校正完成后,就需要将电极对准工件的加工位置,才能在工件

上加工出准确的型腔。为确定电极与工件之间的相对位置,可采用以下方法:

①目测法。目测电极与工件相对位置,利用工作台纵、横坐标的移动加以调整,达到校正的目的。该方法主要适用于定位要求不高的工件。

②打印法。用目测大致调整好电极与工件相对位置后,接通脉冲电源弱规准,加工出一浅印,使模具型孔周边都有放电加工量,即可继续放电加工。该方法主要适用于定位要求不高的工件。

③量块角尺法。先在凹模 X 和 Y 方向的外侧面表面上磨出两个基准面,以一精密角尺与凹模定位基准面吻合,然后在角尺与电极之间垫入尺寸分别为 x 和 y 的量块,电极与量块的接触松紧适度,x、y 分别为电极至两基准面的距离,如图 8.26 所示。

④测定器量块定位法。测定器中两个基准面平面间的尺寸 z 是固定的,它配合量块和千分表进行定位。定位时,将千分表靠在凹模外侧已磨出的基准面上,移动电极,当读数达到计算所得到电极与基准面的距离 x 时,即可紧固工件,如图 8.27 所示。

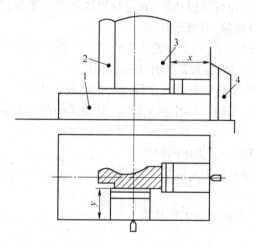

图 8.26 用量块和角尺定位
1—凹模;2—电极;3—量块;4—角尺

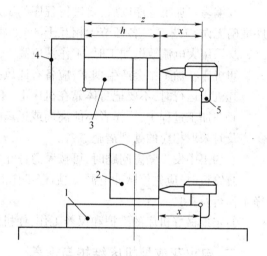

图 8.27 用测定器、量块和千分表定位
1—凹模;2—电极;3—量块;4—测定器;5—千分表

7. 开机加工

选择加工极性,调整机床、保持适当液面高度,调节加工参数,保持适当电流,调节进给速度、冲油压力等。随时检查工件稳定情况,正确操作。

8. 加工结束

检查零件是否符合加工要求,进行清理。

任务五 电火花成型机床操作安全规范、维护和保养

一、电火花成型机床操作安全规范

电火花成型机床操作安全规范,可以从两个方面考虑:一方面是人身安全;另一方面是设

备安全。具体有以下要点：

①操作者必须熟悉电火花成型机床的操作技术，熟悉设备的加工工艺，能恰当地选取加工参数，按照规定操作顺序操作，禁止未经培训的人员操作机床。

②操作电火花机床前应仔细阅读机床使用说明书，充分了解所介绍的各部分工作原理、结构性能、操作程序及总停开关位置等。

③实训时，衣着要符合安全要求。要穿绝缘的工作鞋，女生要戴安全帽，长辫要盘起。

④加工中严禁用手或手持导电工具同时接触加工电源的两端(电极与工件)，防止触电。

⑤机床使用的工作液为可燃性油质液体，电火花加工过程中，应打开自动灭火开关，绝对禁止在机床存放的房间内吸烟及燃放明火。机床周围需存放足够的灭火器材，防止意外引起火灾事故。操作者应知道如何使用灭火器材。

⑥机床电气设备的外壳应采用保护措施，防止漏电，使用触电保护器来防止触电的发生。

⑦重量大的工件，在搬移、安放的过程中要注意安全，在工作台上要轻移、轻放。

⑧编写好加工程序以后，要进行程序的试运行(如有模拟功能，先进行模拟加工)，确保程序准确无误，工艺系统各环节无相互干涉(如碰撞)现象，方可正式加工。

⑨采用大电流放电加工时，工作液应高于工件 50 cm，以防止发生火灾。

⑩机床在加工中会产生烟雾，应备有通风排烟设施，以保障操作人员的健康。

⑪机床运行时，不要把身体靠在机床上，不要把工具和量具放在移动的工件或部件上。

⑫在加工过程中，操作者不能离岗或远离机床，要随时监控加工状态，对加工中的异常现象应及时采取相应的处理措施。

⑬加工中发生紧急问题时，可按紧急停止按钮来停止机床的运行。

⑭停机时，应先停脉冲电源，之后停工作液。所有加工完成后，应关断机床总电源，擦拭干净工作台及夹具。

⑮定期做好机床的维护和保养工作，使机床处于良好的工作状态。

二、电火花成型机床维护与保养

对电火花机床进行维护和保养的目的是为了保持机床能够正常可靠地工作，延长其使用寿命。

1. 机床维护和保养的内容

①建立完善的日常维护制度。对制度应严格执行，确保日常维护正常进行。

②应定期清洗机床。经常使用含有中性清洁剂的软布擦洗积聚在电柜和机床表面的灰尘，用工作液清洗工作液槽及该部位所有部件，擦拭电缆上的线托，用细砂纸或金刚石布擦掉锈斑或残渣，保持夹具干净。

③定期检查安全保护装置。如急停按钮、操作停止按钮、液面高度传感器等装置的工作是否正常。

④保持回流槽干净，检查回油管是否堵塞。

⑤保持散热通风系统的正常工作，这是日常检查中必须检查的部位，主要数控电柜的冷却风扇是否正常工作，定期清洁电气柜的散热通风系统。

⑥应根据机床性能参数选择加工对象，严禁超负荷使用。

⑦尽可能提高机床的开动率。

⑧按机床说明书要求定期添加润滑油。数控电火花机床上需要定期润滑的部位主要有机床导轨、丝杠螺母等,一般使用油枪注入,有保护套的可以经过半年或一年后拆开注油。

⑨机床电气设备要防止受潮,以免降低绝缘强度而影响机床的正常工作。

⑩定期检查防护罩的密封情况。

⑪定期更换装在电柜后板上的空气过滤器。过滤器太脏将引起电柜过热和元器件损坏。

⑫定期向油箱添加工作液,保证加工正常进行。

⑬在必要的时候(如油箱需要长时间才能充满,工作液总是很脏当进油阀处于"开"的位置时,泵出口压力仍大于0.2 MPa),更换过滤芯。

⑭当工作液槽门不能可靠封闭或液槽门下部渗漏情况比较严重时,需更换密封条。

⑮定期检查机床导轨的清洁、润滑及磨损情况。

⑯间隔半年重新校验与调整机床,以保证机床的加工精度。

2. 维护和保养时的注意事项

①机床的零部件不能随意拆卸,以免影响机床精度。

②工作液槽和油箱中不允许进水,以免影响加工效果。

③直线滚动导轨和滚珠丝杠内不允许掉入脏物或灰尘。

④尽量少开或不开电气柜门,防止生产车间的灰尘、油雾和金属粉尘进入导致电气部分发生损坏。

⑤在设备维修和保养期间,建议用户用木罩子或其他罩子将工作台面保护起来,以免工具或其他物件砸伤或磕伤工作台面。

任务六 加 工 实 例

电火花成型加工一般步骤:

①分析图纸选择加工方法。

②电极、工件准备及装夹和定位。

③编写程序。

④加工。

⑤检验。

1. 零件图

现需要加工一工件形状如图8.28所示,材料为NAK80,总体尺寸为42.5×15×5 mm。其中方框处需要电火花加工。电极尺寸如图8.29所示,其中φ2.647,1.095为重要尺寸,对应工件上的尺寸需保证。

2. 加工要求

①粗糙度2.0 μm,镜面加工。

②减寸量(即放电间隙)单边0.1 mm。实际加工中如果给0.1 mm会留有一定余量,工件尺寸达不到公差要求,所以要加0.005 mm,即0.105 mm。

③加工深度为2.68 mm,工作台面为Z向0基准面。工件加工工艺单见表8.4。

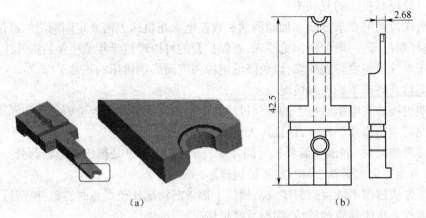

图 8.28 工件与对应图纸

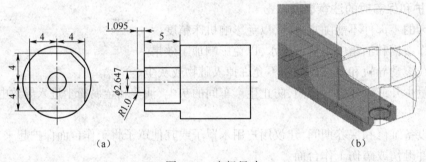

图 8.29 电极尺寸

表 8.4 工件加工工艺单

工序	加 工 内 容	机床
MB	粗加工外形单边留 0.5 mm	铣床
SX	时效	
G	加工一基准边到尺寸	磨床
W	加工孔到尺寸	线切割机床
E	加工型到尺寸,注意不能塌角	电火花加工机

备注:MB 普铣备料、SX 时效、G 平面磨床、W 线切割、E 放电。

3. 放电加工操作准备

①机床的选择。根据工件总体尺寸及件数,选择 AQ35L 型放电加工机床。

②电极材料选择。选用新桥紫铜。

③装夹方式。用磁力平台装夹工件,并用胶水固定。电极选用 3R 座和 3R 棒夹持。

④加工液选择。选用航空煤油作为加工液并注意充分冷却。

4. 放电加工步骤

(1)安装工件

①仔细分析工件图纸,了解重要形状位置尺寸,参照工件公差来对应电极加工,确保工件

的加工精度；

②使用千分尺验证工件外形及相关重要尺寸。用精密的杠杆千分尺先测得定点面厚度的数值，用基准球定位 Z 轴方向，也是测此定点面的顶面，把事先测得的数值给加上；这样可以保证 Z 方向定位的准确性，不至于出现型腔加工不到位或加工深的现象；

③使用油石去除工件表面毛刺，同时清理磁力平台，并用酒精清洗。用抹布擦干净工件、磁力平台，再用风枪吹去灰尘；

④对应电极图纸，按电极图纸上的加工位置方向将工件摆放于磁力平台；

⑤旋转磁力平台开关，使其处于工作状态。

（2）工件定位与找正

①用千分表对准工件基准边，当表针要接触工件时，调慢移动速度，防止撞坏千分表。表针接触工件（表盘数压入半圈左右），同时按下机床的「ST」开关和相关轴向键，进行找正，100mm 长以内公差要保证在 0.01mm 以内；

②安装 Z 轴 3R 头部的定位基准球，并将其与工作台上基准球擦干净；

③基准球按 Q 指令定位两次，两次定位要在两个坐标系中进行，并确定定位误差是否在 0.005mm 以内，然后将一个坐标系的所有坐标值清零，作为标准坐标系（例如设置 G555 坐标）使用；

④设置工件坐标系（如 G54）按设计图纸上给的基准角（其他零件或以基准孔、定位销孔、导柱孔等）来定位工件；

⑤G555 坐标系下基准球移动到原点位置，运行如下程序：

H000 = +000068.6583　H001 = +000038.4114　H002 = +000098.9314；（基准球原点相对于工件坐标原点的坐标）

;

G90；

G54；

G83 X000 Y001 Z002；（G83 为把 NC 信息读入指定补证项）

M02；

;

G90；

G54G92X+H000 Y+H001 U；（将标准坐标系 X、Y 与工件坐标系镜像，用于之后的电极坐标转换）

M02；

;

G54G92Z+H002；（将标准坐标系 Z 与工件坐标系镜像）

M02；

⑥将上述程序删除 G83 程序段并保存。

（3）电极定位与找正

①电极去毛刺，擦净测量面，正确安装并拖平；

②电极四面分中，调出之前保持的程序，运行如下程序段：

G90；

G54G92X+H000 Y+H001 U；

M02；

将电极 X、Y 坐标转换到工件坐标系中。再设置电极 Z_0 位置,运行程序段：

G54G92Z+H002；

M02；

转换 Z 坐标。

③G54 坐标下输入电极坐标,输入 G80Z 并运行,查看放电位置是否正确。

(4)加工程序编写

①按下"编辑",进入编辑主模块画面。

②按下"LN 辅助系统",进入自动生成 NC 程序的「加工选择」画面。

③按下"形状选择",在已有的标准形状、立体形状、特殊形状中选择与电极形状相符的形状。此零件选择"不通孔"。

④按下"加工计划",根据电极图内容填写好加工计划(见表 8.5)。

表 8.5　加工计划

内容	说　　　明	实例	注意事项
加工模块	使用绝对坐标	G90	程序常用 G90 绝对坐标
基准位置	设定加工基准,选择"上面"或"任意"	"上面"	工件 Z 轴基准定底面时选"任意"
加工深度	输入加工方向和加工深度	Z64.5.	要与设计基准一致
材料组合	供选择的电极和工件材料的组合	Cu	记住常用材质标号
摇动平面形状	根据加工形状选择 LORAN 的摇动方式	正方形	常规 LORAN 摇动方式共 6 种
投影面积	输入电极形状在工件中投影时的面积	6	长度乘以宽度(有时为大概值)
粗糙度	选择精加工面粗糙度	2.0 μmRy	根据图纸要求确定
电极减寸类型	电极加工中放电间隙量的变化类型	"粗．精"	"粗""中""精"三种组合
减寸量使用	输入电极单侧减寸量(电极理论值(双边)-实际值)/2	0.1 mm	根据检测报告和工件形位关系确定

材料组合是根据电极和工件的材料设定(因为加工此工件用铜电极,工件材料为硬质合金,所以选用 Cu-St,如果是石墨电极就选用 Gr1-St),由于不需要加工直角,所以选用圆摇动,投影面积是加工过程中放电处的投影面积,经过估算为 φ3,粗糙度是根据图纸要求给定,图纸要求镜面加工,所以粗糙度为 2.0(一般认为 3.0 以下即是镜面加工,粗糙度越低,加工时间越长),减寸量(平时我们所说的放电间隙)是根据电极检测报告中判定选用多大间隙,该电极的检测报告中所给间隙为单边 0.1 mm,但是如果给 0.1 mm 会留有一定余量,工件尺寸达不到公差要求,所以要加 0.005 mm,就是我们看到的 0.105 mm 的减寸量,如图 8.30 所示。

⑤按下"条件详细",条件详细模块可以确认和编辑由加工计划模块设定的加工信息检索到的加工条件(见表 8.6)。

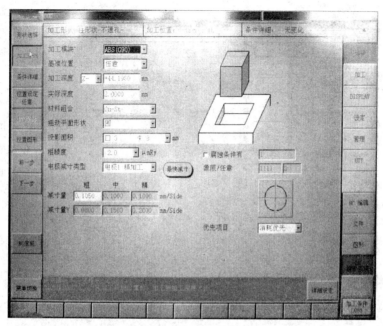

图 8.30 加工计划

表 8.6 参数及功能概要

参数	功能概要	参数	功能概要
PL	放电极性	ON	脉冲放电时间
OFF	脉冲放电停止时间	IP	放电电流峰值
SV	伺服基准电压	UP	跳转上升时间
DN	跳转加工时间	JS	跳转速度
LNS	LORAN 形状	STEP	LORAN 动作振幅
V	主电源电压	HP	辅助电源电路控制
C	电容器	LS	LORAN 速度和方向
LNM	LORAN 模式		

生成的第一个加工条件值如下：

```
(    PL  ON  OFF  IP  SV  S  UP  DN  JS  LNS  STEP  V   HP  PP  C  ALV  OC)
C000 = +  0080 0040 3.0 055 02 005 040 010 0000 0.100 01 040 10  0
0025  000
```

⑥按下"位置设定"，位置设定简单地说就是电极要加工位置，其坐标是由设计给出。如图 8.31 所示，该零件只加工一处就选择左上角的"1 孔"，电极位置在(0,42.5)坐标处，2.68 mm 就是在加工计划中提到的设计给出的深度值，这里的 Z 值为加工前电极的高度，并不是实际的加工深度，只要能避免电极碰到工件即可。

注意：①工件放置方向尽可能与电极图纸上的工件方向一致，如果不一致，要注意方向旋转，相关数据会有变化。

②工件顺序与坐标的关系，确定空运行时 Z 轴避让高度，防止发生电极工件碰撞。

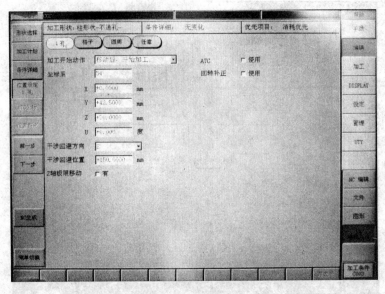

图 8.31 坐标设定

如果加工多处就选择"任意",如图 8.32 所示。

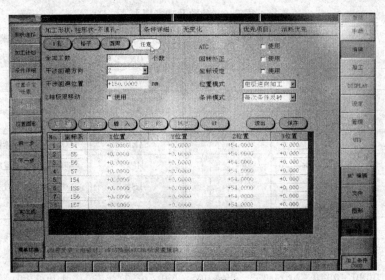

图 8.32 位置设定

⑦按下"ACT 坐标",确认输入电极放电位置是否正确。

⑧按下"位置图形",输入要生成的 NC 程序文件名称。

⑨按下"NC 生成",NC 程序文件生成,如图 8.33 所示。

(5)放电加工

①程序调用:按下"编辑""文件""装载",输入文件名,单击确定;

②打开"TANK DOOR △"开关,加工槽门上升。再打开"TANK DRAIN CLOSE"开关,关闭加工槽的排液口。同时打开"TANK FILL OPEN"开关,向加工槽里送液;

图 8.33 加工程序

③按下"加工"再按下"ENT"键,进行加工。

(6)加工完成后的清理

①首先打开"TANK FILL CLOSE"开关,停止向加工槽里送液;

②再打开"DRAIN OPEN"开关,打开加工槽的排液口,等液体排完;

③再打开"TANK DOOR ▽"开关,加工槽门下降;

④从 3R 座上卸下 3R 棒电极,并用抹布擦干净电极表面的留有的加工液,放到加工完电极放置区;

⑤加工完成。

5. 工件检测

磁力平台消磁后,将工件取下,除去表面凝固的胶水并将油擦拭干净。用工具显微镜进行测量。

①将工件放在磁力块上,将其置于工具显微镜台面。调节工具显微镜 Z 轴,至工件所测部位图像清晰,并锁紧 Z 轴。

②半圆直径及其圆心位置用 A7、M4、M2 指令测量。按下 A7 键,再按下 M4 键,取 A、B 两点分中,再按下 M4 键,取 C、D 两点分中,再在另一基准边取一点 E,建立如图 8.34(a)所示坐标系。然后按下 M2 键,在半圆弧上取 3 点,即可在显示窗口读取所测半圆直径尺寸及圆心坐标,如图 8.34(b)所示。

③将工件竖直放置于磁力块上,调整工具显微镜 Z 轴高度至所测图像清晰,并锁紧 Z 轴。

④用 A5 指令建立坐标系如图 8.35(a)所示,在 AB 边取两点建立坐标系,AB 为 X 轴,调整工具显微镜 Y 轴,使显微镜十字光标移至所测量深度处,显示窗口所显示 Y 数值即为所测深度尺寸,如图 8.35(b)所示。

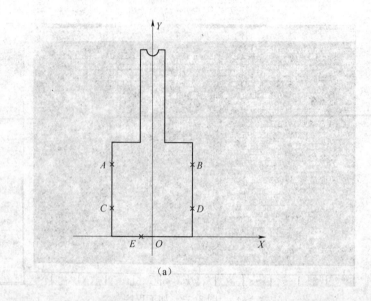

(a)

(b)

图 8.34 测量半圆直径及圆心位置

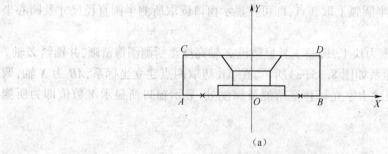

(a)

图 8.35 测量深度尺寸

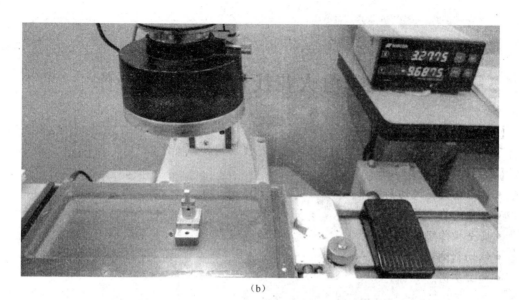

（b）

图 8.35　测量深度尺寸(续)

项目九　电火花线切割机床与操作

【项目目的】
了解电火花线切割机床的结构,学会电火花线切割加工操作。

【项目内容】
- 认识电火花线切割机床;
- 工件的装夹与找正;
- 安全操作规程;
- 线切割编程;
- 加工实例。

任务一　认识电火花线切割机床

一、电火花线切割加工技术

电火花线切割(简称线切割)是利用电火花进行切割加工的设备之一,它是利用移动的金属丝(钼丝、铜丝或者合金丝)做工具电极,靠电极丝和工件之间的脉冲电火花放电,产生高温使金属熔化或气化形成切缝,从而切割出所需要的零件形状的加工方法,如图 9.1 所示。

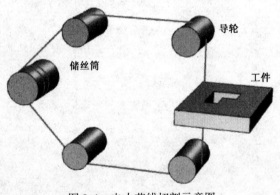

图 9.1　电火花线切割示意图

1. 线切割加工的特点

线切割加工与传统的车、铣、钻加工方式相比特点如下。

①直接利用 0.03~0.35 mm 的金属线作电极,不需要特定形状,可节约电极的设计、制造费用。

②不管工件材料硬度如何,只要是导体或半导体材料都可以加工,而且电极丝损耗小,加工精度高。

③适合小批量、形状复杂零件的单件和试制品的加工,且加工周期短。但因线切割加工的金属去除率低,不适合加工形状简单的大批量零件。

④电火花线切割加工中,电极丝与工件不直接接触,两者之间的作用力很小,故而工件的变形小,电极丝、夹具不需要太高的强度。

⑤工作液采用水基乳化液,成本低,不会发生火灾。

⑥利用四轴联动,可加工锥度、上下面异形体等零件。

⑦电火花线切割不能加工不导电的材料。

2. 快走丝线切割与慢走丝线切割

线切割机床按照电极丝移动速度的快慢,分为快走丝切割和慢走丝线切割两种。

快走丝线切割机床是我国独创的电火花线切割加工模式,是我国使用的主要机种。电极丝以钼丝或钨钼合金为主,在加工中电极丝被反复使用,走丝速度快,通常在 8~10 m/s。快走丝线切割机床结构简单,价格便宜。但由于走丝快,机床和电极丝的振动较大,给提高精度带来了困难。一般加工精度为 0.01~0.04 mm,表面粗糙度 Ra 可达 1.6~3.2 μm,能满足一般模具加工。

慢走丝线切割机床属于高档机床,我国大多数靠进口,电极丝常用铜或铜合金制成,电极丝一次性使用后即废弃,走丝速度通常在 0.2 m/s 以内。慢走丝线切割加工精度较高,可达 0.005~0.01 mm,表面粗糙度 Ra 可达 0.2~1.6 μm。

二、电火花线切割机床的组成

电火花数控慢走丝线切割机床主要包括机床主体、脉冲电源和数控装置三大部分,如图 9.2 所示。

图 9.2　慢走丝线切割机构成

(1)机床主体

机床主体主要包括工作台、储丝及走丝机构、丝架及导轮机构、工作液循环系统、电气控制系统等。

①走丝机构:走丝系统自上而下,丝由送丝轮经张力轮到上导向轮、工件孔、下导向轮,再到速度轮、排丝轮,最后到达收丝轮。和快走丝系统明显不同的就是该系统采用的电极丝是一次性的,走丝速度慢而连续可调(0.5~8 m/min)。整个走丝机构在丝张紧的一段范围内安装了一个断丝检测开关,当断丝时,断丝检测开关释放,断丝指示灯亮,加工电源即自动切断。

②工作台:用于安装并带动工件在工作台平面内作 X、Y 两个方向的移动。步进电动机每接收到计算机发出的一个脉冲信号,其输出轴就旋转一个步距角,通过一对齿轮变速带动丝杠转动。

③工作液系统:由工作液、工作液箱、工作液泵和循环导管组成。工作液起绝缘、排屑、冷却的作用。慢走丝切割机床上大多采用去离子水(纯水);高速走丝时常用专用乳化液。工作液通常采用自然循环的方式。

(2)脉冲电源

脉冲电源或称脉冲发生器的作用是把普通的 50 Hz 交流电转换成高频率的单向脉冲电压。脉冲电源参数包括电流峰值、脉冲宽度、脉冲间隔、空载电压、放电电流等。这些电参数对加工速度、表面质量和电极丝的损耗等都有很大影响。

(3)数控装置

数控装置以计算机为核心,生成加工程序与发出加工指令。通过它可实现放大、缩小等多种功能的加工,加工精度可达 0.001 mm。

任务二　电火花线切割的加工工艺

一、一般步骤

电火花线切割加工模具或其他工件的过程,一般可分为以下几个步骤:

1. 工件图纸的审核与分析

分析零件的尺寸精度、位置精度要求及表面粗糙度要求,是选择合适的电加工参数及加工路线的依据。

2. 编制加工程序

无论采取何种形式的编程格式,都要根据加工要求确定间隙补偿量,确定切入程序和切出程序以及加工路线,原则是保证加工质量,减少工件变形。

3. 线切割加工准备

包括电极丝材料及直径的选择、工作液成分及配比的确定、脉冲参数的选择、坯料的粗加工、基准的加工、穿丝孔位置及孔径大小的确定、穿丝孔的加工、工件在线切割机床的装夹与找正、电极丝坐标位置的确定等。

4. 线切割加工

按照程序要求进行线切割加工。

5. 工件的检验

包括模具尺寸精度和配合间隙的检验、形位公差的检验、表面粗糙度的检验和表面力学性质的检验等。

二、实施过程

1. 零件图的工艺分析

①零件图尺寸分析。在零件图上应该分析出同一基准的标准尺寸或直接给出坐标的尺寸。因为这些尺寸既便于编程，又有利于设计基准、工艺基准和编程原点的统一。

②零件图的完整性与正确性分析。在分析零件图样时，务必要分析几何元素的给定条件是否充分。构成零件轮廓的几何尺寸为点、线、面（如相切、相交、垂直和平行等），这些条件是编程的主要依据。在按照加工工具零件图编程时，由于存在电极丝的直径及电极丝与工件之间的放电间隙，不可避免地要考虑间隙补偿问题。

③零件技术条件分析。零件的技术要求主要是指尺寸精度、形状精度、位置精度、表面粗糙度及热处理等。

④零件材料分析。

2. 线切割加工的工艺准备

（1）电极丝的选择

电极丝的选择包括电极丝材料的选择和直径的选择。目前电极丝的种类很多，有纯铜丝、钼丝、黄铜丝和各种专用铜丝。表9.1给出了电火花常用的电极丝的特点及应用范围。

表9.1 常用电极丝材料的特点及应用范围

材料	线径/mm	特点及应用范围
纯铜	0.1～0.25	适合于切割速度要求不高或精加工时，丝不易卷曲，抗拉强度低，容易断丝
黄铜	0.1～0.3	适合于高速加工，加工面的蚀屑附着少，表面粗糙度和加工面的平直度好
专用黄铜	0.05～0.35	适合于高速、高精度和理想的表面粗糙度加工以及自动穿丝，但价格高
钼	0.06～0.25	一般用于快速走丝，在进行微细、窄缝加工时，也可用于慢速走丝
钨	0.03～0.1	可用于各种窄缝的微细加工，价格昂贵

电极丝直径 d 的选择应根据工件加工的切缝宽度、工件厚度和拐角尺寸的要求来选择。如图9.3所示可知，电极丝的直径 d 与拐角半径 R 的关系为 $d \leqslant 2(R - \delta)$ 。所以，在拐角要求小的微细线切割加工中，需要选用线径细的电极，但是线径细，能够加工的工件厚度会因此受到限制。线径、拐角极限与工件厚度之间的关系见表9.2。

（2）工作液的选择及压力、流量的控制

目前应用较普遍的工作液是乳化液和去离子水。乳化液用于高速走丝线切割；去离子水主要用于低速走丝线切割。工作液通过泵、流量控制阀、压

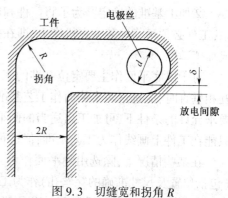

图9.3 切缝宽和拐角 R

力控制阀、喷嘴供给系统工作，一定要控制好其流量和压力大小。工作液的流量或压力大，冷却排屑条件好，有利于提高切割速度和加工表面的垂直度。但在精加工时，要减小工作液的流

量和压力,以减小电极丝的振动。

表 9.2 线径、拐角极限与工件厚度的关系

电极丝直径 d （mm）	拐角极限半径 R_{min} （mm）	切割工件厚度 （mm）	电极丝直径 d （mm）	拐角极限半径 R_{min} （mm/min）	切割工件厚度 （mm）
钨 0.05	0.04~0.07	0~10	黄铜 0.15	0.10~0.16	0~50
钨 0.07	0.05~0.10	0~20	黄铜 0.20	0.12~0.20	0~100 以上
钨 0.10	0.07~0.12	0~30	黄铜 0.25	0.15~0.22	0~100 以上

（3）脉冲参数的选择

线切割加工的脉冲电源参数主要是指脉冲电压、峰值电流和脉冲宽度。脉冲参数的大小对加工工件的表面粗糙度和切割速度都有较大影响。

脉冲电源一般取 60~100 V,电压升高可提高切割速度,但表面粗糙度变大,电压太低,又影响切割速度,且使加工不稳定。峰值电流一般取 15~30 A,它对表面粗糙度及切割速度的影响与脉冲电压相同。

（4）坯料的准备

包括工件的预加工、加工基准的确定、穿丝孔的确定、切割路线的确定、工件的装夹等。

①工件的预加工。可采用机械加工或直接用电火花线切割进行粗加工（又称为二次切割法）。使用机械加工方法,速度快、成本低、周期短,但只能在工件淬火前进行。通常以线切割加工为主要工艺的工艺路线为：

下料—锻造—退火—机械粗加工—淬火与回火—磨加工—线切割加工—钳工修整。

用机械加工预加工只适合精度要求较低、形状不复杂的工件。采用二次切割法可以准确地逼近工件形状,其精加工余量可留得又小又均匀,而且预加工和精加工可在同一机床上一次装夹校正完成。采用二次或多次切割法可以最大限度地减小工件材料线切割时产生的残余变形,因而这种方法常用精密零件的线切割加工。二次切割法的主要缺点是加工周期长。

②加工基准的确定。为了将工件和电极丝调整到要求的相对位置,形成既定的切割坐标系,工件必须可靠地装夹在机床上,即在机床上可靠的定位,因此工件在线切割加工前必须形成加工基准。

对于以底平面作主要定位基准的工件（如凹模）,当其侧面与底面垂直,并有两相邻侧面互相垂直时,应选这两个侧面作工艺基准；当工件的侧面不是平面（如圆柱面）时,在工件技术要求允许的条件下,可加工出适当的侧平面作工艺基准。如果侧面不允许加工出工艺平面,则只能在工件上画线作为工艺基准,但这种情况只适用于加工精度要求不高的工件。

在某些情况下,除选用侧平面作为工艺基准外,还可以同时选用工件上已加工好的内孔（包括位置及尺寸准确的穿丝孔）作为工艺基准,以保证工件的定位要求。无论内孔的设计要求如何,均可作为基准,孔的尺寸及位置精度都应保证工艺要求。

③穿丝孔的确定。穿丝孔作为工件加工的工艺孔,是电极丝相对于工件运动的起点,同时也是程序执行的起始位置。穿丝孔应选在容易找正和便于程序计算的位置。

穿丝孔的位置在加工凸模和凹模时有所不同。当切割凸模时,穿丝孔的位置可选在加工

轨迹的拐角附近,以简化编程。当切割凹模等零件的内表面时,可将穿丝孔位置设置在工件对称中心。加工大型工件时,穿丝孔应设置在靠近加工轨迹边角处或选在已知坐标点上,使计算方便,缩短切入行程。在加工大型工件时,还应沿加工轨迹设置多个穿丝孔,以便发生断丝时就近重新穿丝,切入断丝点。

穿丝孔的直径不宜太大或太小,以钻或镗孔工艺简便为宜,一般选在 $\phi 3 \sim 10$ mm 范围内。孔径最好选取整数值,以简化用其作为加工基准的运算。多个穿丝孔作为加工基准,在加工时必须保证其位置精度和尺寸精度,这就要求穿丝孔应在具有较精密坐标工作台的机床上进行加工。为了保证孔径尺寸精度,穿丝孔可采用钻铰、钻镗或钻车等较精密的机械加工方法。穿丝孔的位置精度和尺寸精度一般要等于或高于工件要求的精度。

(5)切割路线的确定

线切割加工工艺中,工件内部应力的释放会引起工件的变形,因此切割起始点和切割路线的安排合理与否,将影响工件变形的大小,从而影响加工精度。

避免从工件端面开始加工,应从穿丝孔开始加工;

加工路线距离端面(侧面)应大于 5 mm;

加工路线开始应从离开工件夹具的方向进行加工,最后在转向工件夹具的方向。一般情况下,最好将工件与夹持部分分割的线段安排在切割总程序的末端。

(6)工件的装夹与找正

线切割加工机床的工作台比较简单,一般在通用夹具上采用压板固定工件。为了适应各种形状的工件加工,机床还可以使用旋转夹具和专用夹具。工件装夹的形式与精度对机床的加工质量及加工范围有着明显的影响。

①工件装夹的一般要求:

a. 待装夹的工件其基准部位应清洁无毛刺,符合图样要求。经过热处理的工件一定要清除热处理留下的渣物及氧化皮,否则会影响其与电极丝间的正常放电,甚至卡断电极丝,造成加工不稳定,影响加工精度。

b. 夹具精度要高,装夹前先将夹具固定在工作台面上并找正。

c. 保证装夹位置在加工中能满足加工行程需要,工作台移动时不得和丝架臂相碰,否则无法进行加工。

d. 装夹位置应有利于工件的找正。

e. 夹具对固定工件的作用力应均匀,不得使工件变形或翘起,以免影响加工精度。

f. 成批零件加工时,最好采用专用夹具,以提高工作效率。

g. 细小、精密、壁薄的工件应先固定在不易变形的辅助小夹具上才能进行装夹,否则无法加工。

②工件常用的装夹方式:

a. 悬臂支撑方式。悬臂支撑通用性强,装夹方便,如图 9.4 所示。但由于工件单端固定,另一端呈悬梁状,因而工件平面不易平行于工作台面,易出现上仰或下斜,致使切割表面与其上下平面不垂直或不能达到预定的精度。另外,加工中工件受力时,位置容易变化。因此只有在工件的技术要求不高或悬臂部分较少的情况下才能使用。

b. 两端支撑方式。如图 9.5 所示,工件两端固定在夹具上,其装夹方便,支撑稳定,平面定位精度高,可以克服悬臂式装夹的缺点,但不适用于小零件的装夹。

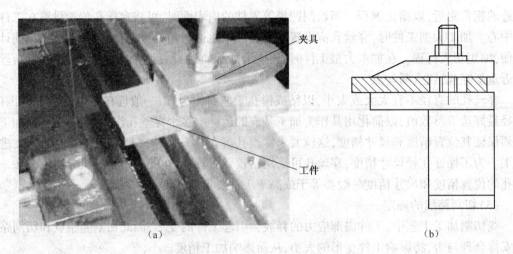

(a)　　　　　　　　　　　　　　　(b)

图 9.4　悬臂支撑方式

c. 桥式支撑方式。如图 9.6 所示,桥式支撑方式是在两端支撑的夹具上架上两块支撑垫铁而构成复式支承。其特点是通用性强,装夹方便,支撑稳定,对大、中、小工件都可方便地装夹。

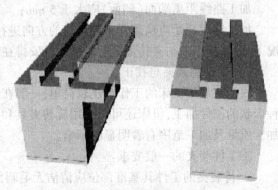

d. 板式支撑方式。如图 9.7 所示,板板式支撑装夹是根据常规工件的形状和大小,制成具有矩形或圆形孔的支撑板夹具,它增加了 X、Y 方向的定位基准。其装夹方式精度高,适用于批量生产,但通用性差。

图 9.5　双端支撑方式

(a)

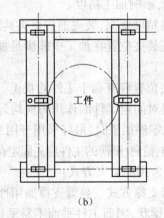

(b)

图 9.6　桥式支撑方式

e. 复式支承方式。如图 9.8 所示,复式支撑方式是在通用夹具上再装专用夹具。此方式装夹方便,装夹精度高。它减少了工件调整和电极丝位置的调整,即提高了生产效率,又保证了工件加工的一致性,适用于工件的批量生产。

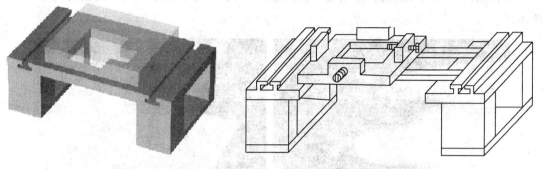

图 9.7 板式支撑方式 图 9.8 复式支撑方式

f. 弱磁力夹具。弱磁力夹具装夹工件迅速简便,通用性强,应用范围广,对于加工成批的工件尤其有效,如图 9.9 所示。永久磁铁的位置如图 9.9(b)所示时,磁力线经过磁靴左右两部分闭合,对外不显示磁性。再把永久磁铁旋转90°,如图 9.9(c)所示,此时,磁力线被磁靴的铜焊层隔开,没有闭合的通道,对外显示磁性。工件被固定在夹具上时,工件和磁靴组成闭合回路,于是工件被夹紧。加工完毕后,将永久磁铁再旋转90°,夹具对外不显示磁性,可将工件取下。

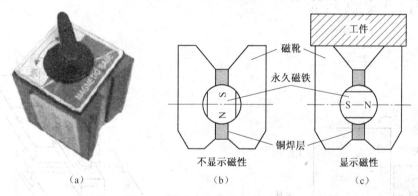

图 9.9 弱磁力夹具及基本原理图

③找正工件。工件采用上述方式装夹后,必须进行校正,使工件的定位面分别与机床的工作台面及工作台的进给(X、Y 方向)保持平行,才能保证切割加工表面与基准面的相对位置精度。常用的校正方法有:

a. 靠定法找正工件。利用通用或专用夹具纵横方向的基准面,经过一次校正后,保证基准面与相应坐标方向一致。于是具有相同加工基准面的工件可以直接靠定,尤其适用于多件加工,如图 9.10 所示。

b. 电极丝法找正工件。在要求不高时可利用电极丝进行工件找正。将电极丝靠近工件,然后移动拖板,使电极丝沿着工件某侧边移动,观察电极丝与工件侧边的距离,如果距离发生了变化,说明工件不正,需要调整;如果距离保持不变,说明这个侧边与移动的轴向已平行。

c. 量块法找正工件。用一个具有确定角度的测量块,靠在工件和夹具上,观察量块跟工件和夹具的接触缝,这种检测工件是否找正的方法,称量块法。根据实际需要,量块的测量角可以是直角（90°），也可以是其他角度。使用这种方法前，必须保证夹具是找正的，如图9.11所示。

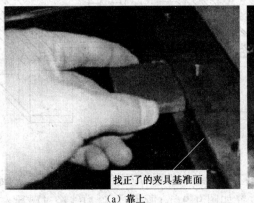 

（a）靠上　　　　　　　　　　　　　　　（b）固定

图 9.10　靠定法找正

d. 划针法找正工件。利用固定在丝架上的划针尖对准工件上的基准线或基准面，沿 X 或 Y 方向往复移动工作台。根据目测划针、基准间的偏离情况，将工件调整到正确位置。该方法适用于工件的切割图形与定位基准相互位置精度不高（±0.10 mm 左右）的情况，如图9.12所示。

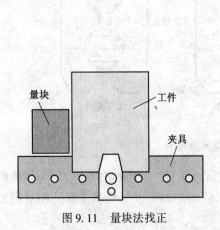 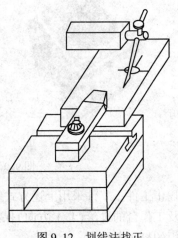

图 9.11　量块法找正　　　　　　　　　　图 9.12　划线法找正

e. 百分表法找正工件。百分表是机械加工中应用非常广泛的一种计量仪表。将百分表的磁力表架固定在机床丝架或其他部位，使百分表触头接触工件基准面，沿 X 或 Y 方向往复移动工作台。根据百分表指示数值，相应调整工件，使之在允许的偏差数值之内。必要时校正工件可在三个方向即上表面和两个垂直侧面进行，如图9.13所示。

3. 编制程序

线切割程序的编制可采用手动编程或自动编程，无论采用哪一种方法进行编程，均应考虑下列几个方面。

（1）间隙配合

有配合间隙要求的工件进行切割时，在编程中应把配合间隙值考虑在程序中。

（2）过渡圆

为了提高切割工件的使用寿命，在工件的几何图形交点，特别是小角度的拐角处应加上过渡圆，其半径一般在0.1~0.5 mm。

（3）起割点和切割路线

起割点一般应选择在工件几何图形的拐角处，或容易将凸尖修去的部位。切割路线的确定以防止或减少工件变形为原则。

图9.13　百分表法找正

4. 程序检验

编写完的程序一般要经过检验才能用于正式加工，采用计算机自动编程时，可利用软件提供的实体加工模拟功能进行模拟，还可以采用机床空运行的方法检验实际加工情况，验证加工过程中机床极限行程是否满足等，确保程序无误，必要时用薄料进行试切割。

5. 工件检验

加工后的工件应进行必要的清洗，然后对工件进行尺寸精度和配合间隙、表面粗糙度等项目的检验，确定符合图纸的要求。

（1）加工精度

加工精度是指加工后工件的尺寸精度、几何形状精度和位置精度。高速走丝机床的加工精度一般为0.01~0.02 mm，慢走丝机床的加工精度一般为0.005~0.002 mm。采用检验平板及刃口角尺等检验垂直度。

（2）尺寸精度和配合间隙的检验

①落料模：凹模尺寸与图样零件基本尺寸一致，凸模尺寸应为图样零件基本尺寸减去冲模间隙。

②冲孔模：凸模尺寸与图样零件基本尺寸一致，凹模尺寸应为图样零件基本尺寸加上冲模间隙。

③固定板：应与凸模为静配合。

④卸料板：大于或等于凹模尺寸。

⑤级进模：主要检验步距尺寸精度。

模具配合间隙的均匀性可用透光法目测，或用塞尺检测。

检验工具可根据模具精度要求的高低分别选用三坐标测量机、万能工具显微镜或投影仪、内外径千分尺、块规、塞尺、游标卡尺等。通用检具的精度要高于待检验工件精度一级以上。

（3）表面粗糙度

表面粗糙度的检验，在生产现场大多使用表面粗糙度等级比较样板进行目测，而在实验室中则采用轮廓仪检查。高速走丝机床切割的表面粗糙度值Ra一般为0.63~1.25 μm，慢走丝机床切割的表面粗糙度值Ra一般为0.3~0.8 μm。

任务三 安全操作规程

一、安全文明操作基本注意事项

①操作者必须熟悉机床的性能与结构,掌握操作方法,决不能盲目操作,不得随便动用设备。

②工作时要穿好工作服,戴好工作帽,不允许戴手套操作机床。

③不要移动或损坏安装在机床上的警告标牌。

④不要在机床周围放置障碍物,要保持通道畅通。

⑤禁止多人同时操作一台机床,以免发生意外事故。某一项工作必须多人共同完成时,要相互配合、协调一致。

⑥要防止触电。不用湿手操作开关和按钮,更不能接触机床电器部分。维修保养机床时要切断电源。

⑦电火花机床附近不能存放易燃、易爆物品,同时要备好灭火器。

二、加工过程安全操作过程(表9.3)

表 9.3 安全操作规程

劳保用品的使用		进入线切割区域必须穿防砸鞋
		搬运模板、镶块及整理线切割丝时,必须戴劳保手套。机床操作时,严禁戴手套
加工前的准备	确认	①周边工作环境是否存在安全隐患,操作者根据身体状态判断自己能否适应本岗位工作,如果有异常及时向上级提出
		②机床电源,压缩空气压力是否正常
		③工件是否装夹紧固,防止工件加工过程中发生偏移,掉落
		④机床保护盖是否关闭。防止滚丝轮夹手,机床碰头
加工中		操作人员装卸工件、定位、校正工件、操作者必须站在绝缘板上进行操作。在加工过程中禁止任何人用手触及电极丝
		擦拭机床时,必须切断脉冲电源
		线切割对早、午、晚餐时间,实行机床运转轮流就餐,保证现场有二人,监护所有设备
		禁止一手操作键盘,一手操作工件
		实行定人定机,按规定操作机床,现场操作必须2人(含2人)以上
		绝对禁止将手伸到工件与导丝嘴之间取废料
加工结束		将工作液回放工作液箱
		应切断电源,清理机床

三、线切割机床的保养

只有坚持做好机床的维护保养工作,才能保证机床的良好工作状态,保证加工质量,延长机床寿命。线切割机床的保养主要有以下内容:

1. 定期润滑

线切割机床上的运动部件如机床导轨、丝杠螺母副、传动齿轮、导轮轴承等应对其进行定期润滑,通常使用油枪注入规定的润滑油。如果轴承、滚珠丝杠等是保护套式,可以在使用半年或一年后拆开注油。

2. 定期调整

对于丝杠螺母、导轨等,要根据使用时间、磨损情况、间隙大小等进行调整,对导电块要根据其磨损的沟槽深浅进行调整。

3. 定期更换

线切割机床中的导轮、导轮轴承等容易发生磨损,它们都是容易损坏的部件,磨损后应及时更换,保证运行精度。线切割的工作液太脏会影响切割加工,所以也要定期更换。

4. 定期检查

定期检查机床电源线、行程开关、换向开关等是否安全可靠;另外每天要检查工作液是否足够,管路是否通畅。

任务四　线切割编程

编程方法分为手工编程和计算机编程。手工编程是快走丝线切割操作者必需的基本功,通过手工编程可比较清楚地了解编程所需的各种计算和编制进程,但计算量比较大,费时间。因此,随着计算机技术的不断发展,编程大都采用计算机自动编程,即 CAD/CAM 自动编程方法。

编程的目的是为了产生线切割控制系统所需要的加工代码。目前快走丝电火花线切割加工代码大都采用 3B 代码的程序格式,也有采用 ISO 标准代码格式。慢走丝电火花线切割机床的数控语言均采用 ISO 标准代码格式。

一、3B 代码程序格式

数控机床的自动加工过程,都是按照"程序"的指令去控制机床动作的。要全面掌握数控线切割加工技术,就必须学习程序代码,学会编写加工程序。数控线切割加工程序,有 3B、4B 与 G 格式代码等类型。坐标系的有关概念请参照项目一任务二中的有关内容。工件坐标系原点的位置,并不是固定在"工作台"上,而在"工件"上。加工坐标系的原点位置,会随工件安装位置的变化而变化。

3B 代码加工程序是我国自行开发的较早使用的一种程序代码,在国内的数控电火花线切割机床中应用相当普遍。3B 格式程序简单易学,但功能较少。3B 格式程序因有 3 个字母 B 而得名,一般格式如下:

BX BY BJ G Z

其中,B——分隔符,它将 X,Y,J 的数值隔开;

$\quad$ X——X 轴坐标绝对值,单位为 μm;

$\quad$ Y——Y 轴坐标绝对值,单位为 μm;

$\quad$ J——计数长度,取绝对值,单位为 μm;

G——计数方向,分为 X 方向(GX)和 Y 方向(GY);

Z——加工指令,共有 12 种,直线 4 种(L1~L4),圆弧 8 种(SR1~SR4,NR1~NR4)。

例如:

B8868 　 B4400 　 B24268 　 GX 　 NR3

这就是一段加工程序,其中:X = 8 868,Y = 4 400,J = 24 268,计数方向符号 G 是 GX,加工指令 Z 是 NR3(一种圆弧)。

注意:X,Y,J 的数值最多 6 位,而且都要取绝对值,即不能用负数。当 X,Y 的数值为 0 时,可以省略,即"B0"可以省略成"B"。

现在先来看一个 3B 格式加工程序的片段:

B0 　　　 B19900 B19900 　 GY L4;

B33875 　 B0 　　　 B33875 　 GX L1;

B0 　　　 B8100 B4500 　 GY SR1;

B8868 　 B4400 B24268 　 GX NR3;

……

上面的程序写了四行,每一行称为一个程序段,完成一个小的任务,一个零件的加工程序有很多行,分别完成很多个"小任务",合起来就完成一个零件的加工。每一行又有五个部分,从前往后依次为:第一部分代表 X 轴坐标数据;第二部分是 Y 轴坐标数据;第三部分是计数长度数据;第四部分是计数方向符号;第五部分是加工指令符号。

常见的加工类型可分为两种:直线和圆弧。下面作简单介绍。

1. 直线命令

直线指令是让电极丝以当前位置为起点,直线进给,走向目标点。3B 程序的第五部分(Z)代表加工直线还是圆弧。要加工直线,就把程序段的第五部分"Z"写成 L1、L2、L3 或L4。其中 L 代表加工直线,数字代表不同的加工方向,L1 表示向右或右上方加工,L2 表示向上或左上方加工,L3 表示向左或左下方加工,L4 表示向下或右下方加工,如图 9.14(a)所示:

例如:按图 9.14(b)、(c)所示加工一条直线,程序段如下:

图 9.14(b)程序为:B30000 B31000 B31000 GY L1

图 9.14(c)程序为:B50000 B30000 B50000 GX L4

如果直线与 X 轴或 Y 轴相重合,编程时 X,Y 均可不写。例如程序 B0B5000B5000GYL1 可简化为 BBB5000 GYL1。注意:作为分隔符的"B"不能省略。

图 9.14 坐标系统

2. 圆弧命令

圆弧指令比直线加工指令要复杂一些。圆弧有顺时针和逆时针两种旋转方向和四种起点方位,如图 9.15 所示。

圆弧加工的旋转方向与起点方位的搭配,形成 8 种不同组合,就产生了 8 种圆弧加工指令,逆时针 4 种,顺时针 4 种。圆弧的加工指令如图 9.16 所示。例如 SR1 表示圆弧起点在第 1 象限,沿着顺时针方向加工;NR4 表示圆弧起点在第 4 象限,沿着逆时针方向,注意起点在一个象限,而终点可以跨入其他象限。

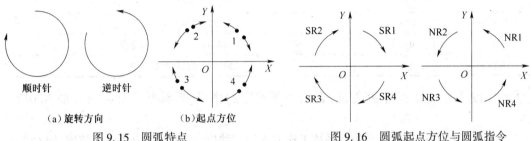

图 9.15 圆弧特点　　　　　　　　　图 9.16 圆弧起点方位与圆弧指令

编写圆弧加工指令时,是把圆弧的圆心作为相对坐标系原点(零点)。在圆弧指令中:

①X、Y 是圆弧的起点坐标值,即圆弧起点与圆心连线在 X,Y 方向的投影长度。

②计数方向 G 取与该圆弧的终点走向较平行的轴向作为计数方向,或取终点坐标中绝对值较小的轴向作为计数方向。

③计数长度 J 应取从起点到终点的某一坐标移动的总距离。当计数方向确定后,J 就是被加工曲线在该方向(计数方向)投影长度的总和。对圆弧来讲,它可能跨越几个象限,这时分别计算后相加。

3. 3B 代码编程举例

例如:加工如图 9.17 所示的圆弧。由起点到圆心的距离可知,$X = 9\ 000$,$Y = 2\ 000$,由终点与圆心的距离可知,$X(6\ 000)$ 小于 $Y(8\ 000)$,取小的方向,所以计数方向为:GX。计数长度取整个圆弧在 X 方向的投影:$9\ 000 + 6\ 000 = 15\ 000$。圆弧起点在第一象限,而且是逆时针方向,加工指令为 NR1;由上,写出程序:

B9000B2000B15000GXNR1

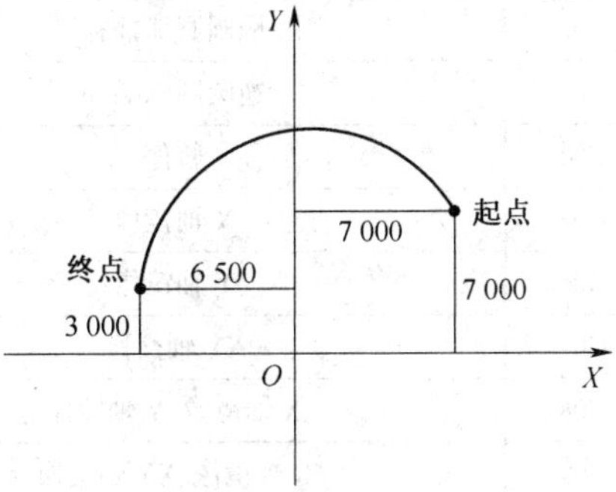

图 9.17 圆弧编程

二、ISO 程序格式

ISO 代码是国际标准化机构制定的用于数控的一种标准代码。代码中分别有 G 指令(称为准备功能指令)、M 指令(称为辅助功能指令)等。用 ISO 代码进行编程是今后数控加工的必然趋势。

1. ISO 代码程序格式

N×××× 　G×× 　X×××××× 　Y×××××× 　I×××××× 　J××××××

字母是组成程序段的基本单元,一般是由一个关键字母加若干位十进制数字组成,这个关键字母成为地址字符,不同的地址字符表示的功能也不一样(表 9.4)。

表 9.4 地址字符的含义和功能对照表

功　能	地址字符	含　义
顺序号	N	程序编号
准备功能	G	指令动作方式
尺寸字	X、Y、Z	坐标轴移动指令
	A、B、C、U、V	附加轴移动指令
	I、J	圆弧中心坐标
锥度参数字	W、H、S	锥度参数指令
辅助功能	M	机床开关及程序结束指令
补偿字	D	间隙及电极丝补偿指令

①程序段号 N 位于程序段之首,表示一条程序的序号,后续数字 2~4 位,如 N0012、N1234。

②准备功能 G 是建立机床或控制系统工作方式的一种指令,其后续为两位正整数,即 G00~G99;当本段程序的功能与上一段程序的功能相同时,则该段的 G 代码可省略不写。

表 9.5 是电火花加工机床中最常用的 ISO 代码。它是从切削加工机床的数控系统中套用过来的,不同的机床代码可能有多有少,含义上也可能稍有差异,具体应参照所使用电火花加工机床说明书中的规定。

表 9.5 电火花加工机床常用的 ISO 代码

代码	功　能	代码	功　能
G00	快速定位	G21	公制
G01	直线插补	G40	取消间隙补偿
G02	顺圆圆弧插补	G41	左偏间隙补偿
G03	逆圆圆弧插补	G42	右偏间隙补偿
G04	暂停	G50	取消锥度
G05	X 轴镜像	G51	锥度左偏
G06	Y 轴镜像	G52	锥度右偏
G07	XY 轴交换	G54	加工坐标系 1
G08	X 轴镜像、Y 轴镜像	G55	加工坐标系 2
G09	X 轴镜像、XY 轴交换	G56	加工坐标系 3
G10	Y 轴镜像、XY 轴交换	G57	加工坐标系 4
G11	X 轴镜像、Y 轴镜像、XY 轴交换	G58	加工坐标系 5
G12	取消镜像	G59	加工坐标系 6
G17	XY 平面选择	G80	有接触感知
G18	XZ 平面选择	G82	半程移动
G19	YZ 平面选择	G84	微弱放电找正
G20	英制	G90	绝对坐标系

代码	功 能	代码	功 能
G91	增量坐标系	M98	子程序调用
G92	赋坐标值	M99	子程序调用结束
M00	程序暂停	W	下导轮到工作台面高度
M02	程序结束	H	工件厚度
M05	取消接触感知	S	工作台面到上导轮高度

● G00 表示点定位,即快速移动到某给定点。在机床不加工情况下,G00 指令可使指定的某轴以最快速度移动到指定的位置,其程序段格式为:G00 X__Y__。注意:如果程序段中有了 G01 或 G02 指令,G00 指令无效。

● G01 表示直线插补。目前,锥度加工线切割机床有 XY 坐标轴及 UV 附加轴加工台,程序段格式为:G01 X__Y__ U__V__。

● G02 表示顺圆插补。

● G03 表示逆圆插补。

● G04 表示暂停。

● G90 表示绝对坐标方式输入。

● G91 表示增量(相对)坐标方式输入。

● G92 为工作坐标系设定,即将加工时绝对坐标原点设定到距离当前位置的一定距离处。例如,G92 X5000Y20000 表示以坐标原点为坐标,令电极丝中心起始点坐标值为 X = 5 mm、Y = 20 mm 的位置。坐标系设定程序只设定程序坐标原点,当执行此命令时,电极丝仍在原位置并不产生运动。

③尺寸字在程序段中主要是用来控制电极丝运动到达的坐标位置。电火花线切割加工常用的尺寸字有 X、Y、U、V、A、I、J 等,尺寸字的后续数字应加正负号,单位为 μm。

④辅助功能由 M 功能指令及后续两位数组成,即 M00~M99,用来指令机床辅助装置的接通与断开。其指令代码及功能见表 9.6。

表 9.6 M 代码功能一览表

M 代码	功 能	M 代码	功 能
M00	程序执行被暂时停止	M06	加工过程中未无效电移动
M01	程序暂停选项(当 NC 设定"停止选项 = ON"时有效	M10~M47	外部信号输出
		M70~M77	外部信号输入
M02	加工终止	M98	调用子程序
M03	M03 代码搜索	M99	子程序结束
M05	无视接触感知		

2. 机械控制指令(T 代码)

通过 T 代码,可在 NC 程序里方便地对操作面板上的操作开关进行控制,而不需要用手去操作。指令代码及功能见表 9.7。

表 9.7　T 代码功能一览表

T 指令	功　　能	T 指令	功　　能
T80	电极丝送进	T88	切换到油浴加工,选择油浴加工模式
T81	停止电极丝送进	T89	切换到水喷流加工,选择水喷流加工模式
T82	关闭加工槽排液阀即不进行加工槽排液	T90	AWT I,切断电极丝
T83	打开加工槽排液阀即进行加工槽排液	T91	AWT II,被切断的电极丝通过导管,经下导嘴接线
T84	泵打开,进行高压喷流	T94	切换到水浴加工,选择水浴加工模式
T85	泵关闭,停止高压喷流	T96	打开送液,向加工槽送液
T86	打开喷流,进行喷流	T97	关闭送液,停止向加工槽送液
T87	关闭喷流,停止喷流		

注意:不同厂家生产的数控线切割机床,可用的 ISO 代码数量可能不同,一些特殊功能的代码意义也可能不同,要根据机床说明手册来编写相应的数控程序。

3. 程序示例

以图 9.18 为例,现在用 ISO 标准 G 代码编写程序。为了简化计算,示例程序没有考虑电极丝补偿。绝对编程示例圆弧指令用 R,相对编程示例后者圆弧指令用 I、J。

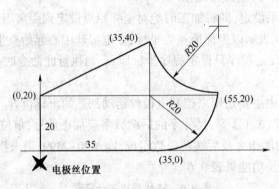

图 9.18　加工图样及坐标位置

绝对编程示例:
%0001;
N10 T84 T86 G90 G92 X0 Y - 5.0;
N20 G01Y0;
N30 X35.0;
N40 G03 X55.0 Y20.0 R20.0;
N50 G02 X35.0 Y40.0 R20.0;
N60 G01 X0.0 Y20.0;
N70 Y - 5.0
N80 M02;

相对编程示例:
%0001;
N10 T84 T86 G91 G92 X0 Y - 5.0;
N20 G01 Y5.0;
N30 X35.0;
N40 G03 X20.0 Y20.0 I0 J20.0;
N50 G02 X- 20.0 Y20.0 I0 J20.0;
N60 G01 X- 35.0 Y- 20.0;
N70 Y - 25.0;
N80 M02;

任务五 线切割加工

一、线切割加工操作流程(图 9.19)

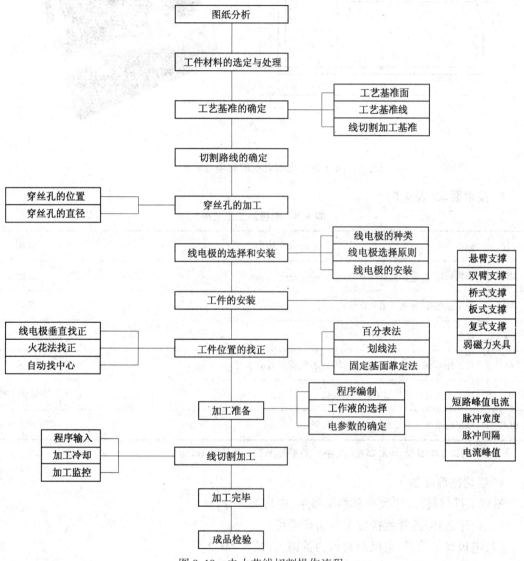

图 9.19 电火花线切割操作流程

二、加工实例

1. 零件图

零件图与加工电极如图 9.20 所示,从图中可以看出,经过切割后,工件的最终形状是带有一定数量的锯齿,即从右图中方框位置进行切割。

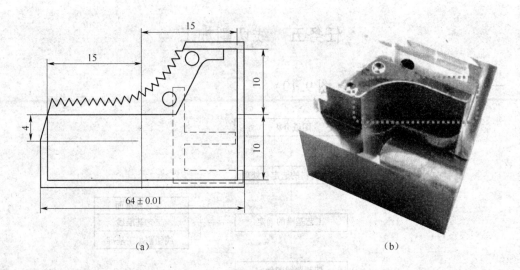

（a）　　　　　　　　　　　　　　　　　（b）

图 9.20　电极之前的清理与装夹

2. 技术要求（表 9.8）

表 9.8　电极加工工艺单

工序	加工内容	机床
MB	备料到尺寸，要保证各面垂直	铣床
M	加工穿丝孔，并加工吊装螺纹孔	铣床
QG	攻丝	
G	加工外形 26.691（加入间隙），其余见平，保证各面垂直	磨床
W	加工齿条到尺寸并加工定位基准孔	线切割机床
MCG	以定位基准孔为基准加工电极让位到尺寸	高速加工中心

备注：MB 普铣备料、M 铣、MCG 高速加工中心、G 平面磨床、W 线切割、QG 钳工。

3. 线切割前准备

根据工件材料、尺寸大小和加工要求，进行如下分析：

（1）机床选择：选择数控慢走丝机床即可。

（2）电极丝的选择：电极丝材料为黄铜，直径为 $\phi 0.2$。

（3）装夹方式：利用 3R 治具悬臂式装夹。

（4）切削液：选用蒸馏水作为切削液，因其冷却充分且成本低。

4. 加工步骤

（1）毛坯检验及工件装夹

检验外形尺寸与零件图尺寸是否相符，装夹前需要对试件表面进行清理以清除表面毛刺或残留碎屑，之后将工件装夹于工作台上，采用悬臂式装夹，如图 9.21 所示。

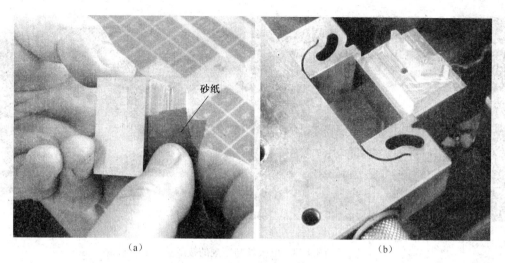

(a)　　　　　　　　　　　　　　　(b)

图 9.21　电极之前的清理与装夹

（2）找正工件

将千（百）分表吸附于上机头。使工作台沿表面不同方向移动，观察千分表针变化以判断被测平面是否平行，如图 9.22 所示。

（3）电极丝的垂直校正

用专用的垂直校正器将电极丝调整垂直，通过电极与校正器的弱电感应，在校正器表面会产生一条类似于划痕状的轨迹，若轨迹清晰表明电极丝垂直，否则需要调整电极丝垂直度，如图 9.23 所示。

图 9.22　找正工件

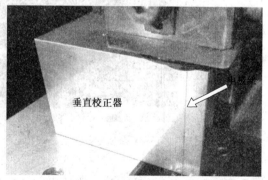

图 9.23　电极丝的垂直校正

（4）定位电极丝

电极丝经过垂直度校正后，就需要将电极丝定位到工件的起始加工位置。为了让电极丝找到起始加工位置，采用塞规（针规）置于工件的不同表面以确定某一坐标点，此后根据程序所给的起始加工坐标点，将电极丝运动至该点，如图 9.24 所示。

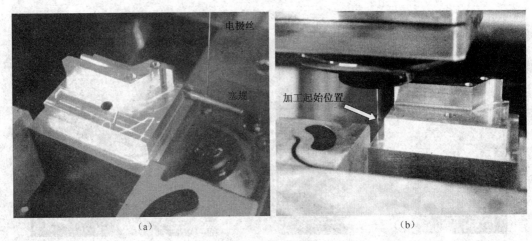

(a)　　　　　　　　　　　　(b)

图 9.24　电极丝与塞规的接触

（5）加载程序

将设计部门送来的零件图用 V6 软件生成线切割加工程序,如图 9.25 所示。根据程序生成的加工轨迹如图 9.26 所示。

图 9.25　程序的载入

（6）参数调节

可以在机床上修改一些参数,如图 9.27 所示

（7）控制加工

首先开送丝泵、水泵,再点击 ENT 执行程序,如图 9.28 所示。

5. 工件检测

工件切割完成,如图 9.29 所示,切割完成后需要在三坐标检测设备下进行测量。

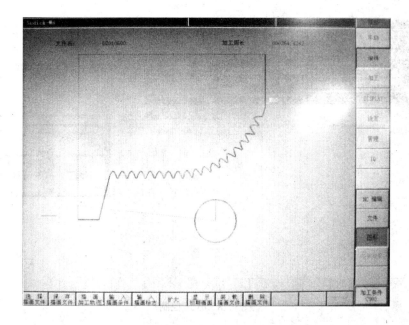

图 9.26　轨迹的生成

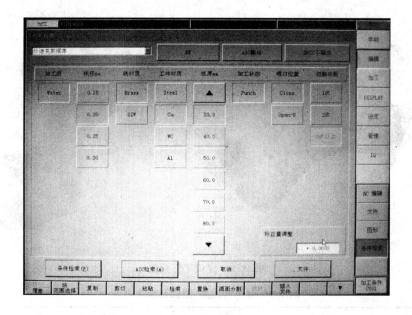

图 9.27　参数调节

三、常见问题及处理

线切割加工操作过程中,难免遇到一些问题,表 9.9 列举一些常见的问题及原因,供操作时参考。

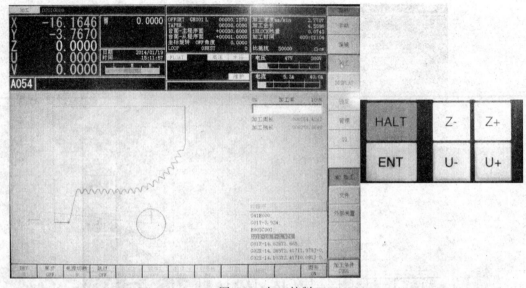

图 9.28   加工控制

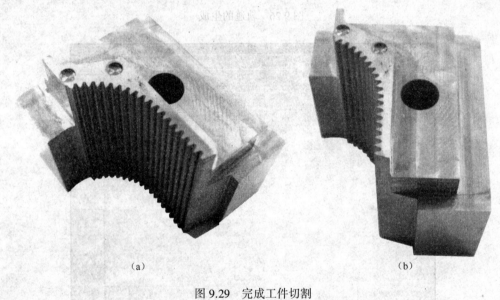

（a）   （b）

图 9.29   完成工件切割

表 9.9   常见的问题、原因及解决办法

序号	问题	可能的原因及解决办法
1	工件表面有明显丝痕	①电极丝松动或抖动 ②工作台纵横运动不平衡,振动大 ③脉冲电源参数调节不当
2	抖丝	①电极丝松动 ②长期使用轴承精度降低,导轮磨损 ③滚丝筒换向时冲击及滚丝筒跳动增大 ④电极丝弯曲不直

续表

序号	问题	可能的原因及解决办法
3	导轮转动有啸叫声,转动不灵活	①导轮轴向间隙大。调整导轮轴向间隙 ②工作液进入轴承。用汽油清洗轴承 ③长期使用轴承精度降低,导轮磨损,应更换轴承和导轮
4	断丝	①电极丝老化发脆,应更换电极丝 ②电极丝太紧及严重抖丝,应调节电极丝 ③工作液供应不足 ④工件厚度和电参数选配不当 ⑤滚丝筒拖板换向间隙过大造成断丝,应调整换向间隙 ⑥拖板超出行程位置,应检查限位开关 ⑦工件表面有氧化皮,应去除 ⑧工件内夹杂不导电的杂质,应更换材料
5	松丝	①电极丝安装太松 ②电极丝使用时间过长而产生松丝,应重新调整
6	烧伤	①高频电源电参数选择不当 ②工作液供应不足或太脏,应调节供液量或更换工作液 ③自动调频不灵敏,需检查控制箱
7	工作精度不符	①导轨松动,丝杆螺母间隙增大,应调整 ②导轨垂直精度不够,应调整 ③传动齿轮间隙大,应调整 ④控制柜失灵及步进电动机失效,应修理

第三篇　模具磨削加工

项目十　磨削加工概述

【项目目的】
了解磨削加工过程。
【项目内容】
- 磨削加工特点；
- 磨削基本参数。

任务一　磨削加工特点

磨削加工是利用砂轮等磨料、磨具对工件进行微小厚度切削的加工方法，是机械加工中常用的加工方法之一。如图 10.1 所示，磨削加工属于精加工，加工量少、精度高。

1. 磨屑属多刃、微刃切削

磨削用的砂轮是由许多细小坚硬的磨粒由结合剂黏结在一起经焙烧而成的疏松多孔体。这些锋利的磨粒就像铣刀的切削刃，在砂轮高速旋转的条件下，切入零件表面，故磨削是一种多刃、微刃切削过程。

2. 磨粒切削刃的前角多为负前角

砂轮表面有大量的磨粒，其形状、大小和分布为不规则的随机状态，参加切削的切削刃数随具体条件而定。磨粒刃端面的圆弧半径较大，切削时呈负前角切削，一般前角 $\gamma_g = -85° \sim 15°$。

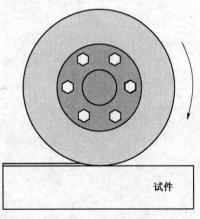

图 10.1　试件的磨削

3. 切削尺寸

切削尺寸小，单位磨削力很大。

4. 加工尺寸精度高，表面粗糙度值低

磨削的切削厚度极薄，每个磨粒的切削层厚度可小到微米，故磨削的尺寸精度可达 IT5～IT6，一般磨削的表面粗糙度为 $Ra1.25 \sim 0.16\ \mu m$，精密磨削的为 $Ra0.16 \sim 0.04\ \mu m$，超精密的

为 $Ra0.04\sim0.01$ μm，镜面磨削可达 $Ra0.01$ μm 以下。因此，磨削加工主要用于零件的精密加工。

5. 磨削温度很高，易发生工件表面烧伤

由于磨削速度较高（$30\sim120$ m/s），在极短的时间内产生大量的切削热，磨削区域的温度通常较高，可高达 $800\sim1000$ ℃。在磨削加工中容易引起工件表面局部烧伤，并因热应力和相变应力使被加工表面的极薄层产生较大的残余应力，会导致工件变形，甚至使工件表面产生裂纹。因此，为减少摩擦和迅速散热，降低磨削区温度，及时冲走磨屑，以保证零件表面质量，磨削时需使用大量切削液。

6. 砂轮有自锐性

当作用在磨粒上的切削力超过磨粒的极限强度时，磨粒就会破损，形成新的锋利棱角进行磨削。当次切削力超过结合剂的黏合强度时，钝化的磨粒就会自行脱落，使砂轮表面露出一层新的锋利磨粒，从而使磨削加工能够继续进行。砂轮这种推陈出新、保持自身锋利的性能称为自锐性。砂轮有自锐性可使砂轮连续进行加工，这是其他刀具没有的特性。

7. 应用范围广

由于磨料硬度极高，故磨削不仅可加工一般金属材料，如碳钢、铸铁等，还可加工一般刀具难以加工的高硬材料，如淬火钢、各种切削刀具材料及硬质合金等。此外，高速磨削还可以实现陶瓷、半导体硅、玻璃等硬脆材料，以及镍基合金、不锈钢、高温合金、钛合金等韧性材料的磨削加工。

任务二　磨削基本参数

一、磨削速度

磨削的主运动是砂轮的旋转运动，砂轮外圆的线速度即为磨削速度（m/s）。

$$v_s = \frac{\pi D_s n_s}{1000 \times 60}$$

式中　v_s——砂轮线速度，m/s；

　　　D_s——砂轮直径，mm；

　　　n_s——砂轮转速，r/min。

砂轮磨削速度对磨削质量和生产率有直接的影响，当砂轮直径减小到一定数值时，砂轮磨削速度也相应降低，砂轮的磨削性能也明显变差，此时应更换砂轮或提高砂轮转速。

二、进给量

1. 径向进给量

砂轮径向切入工件的运动，在工件每转或工作台每行程内工件相对于砂轮径向移动的距离称为径向进给量（又称背吃刀量），用 f_r 表示。圆柱磨削时单位为毫米/转（mm/r），平面磨削单位为毫米/行程（mm/str）、毫米/双行程（mm/d·str）。

外圆磨削的背吃刀量较小，一般取 $0.005\sim0.02$ mm。

2. 轴向进给量

工件相对于砂轮的轴向运动,工件每一转或工作台每一次行程,工件相对砂轮的轴向移动的距离称为轴向进给量,用 f_a 表示。圆磨时单位为 mm/r;平磨时单位为 mm/str。

由于轴向进给量受砂轮宽度的约束,其计算公式为:

$$f_a = (0.2 \sim 0.8)B$$

式中　B——砂轮宽度,单位为 mm。

轴向进给量根据加工精度和粗、精磨要求选定,粗磨时可取较大值,精磨时则相反。实际操作时,可按轴向进给量来调整磨床工作台的速度。工作台速度与轴向进给量之间的关系用下式表示:

$$v_{tab} = \frac{f_a n_w}{1000}$$

式中　v_{tab}——工作台速度,m/min;

　　　n_w——工件转速,r/min。

3. 工件进给速度

工件的旋转或移动称为工件进给,以工件转(移)动线速度表示,单位为 m/min。工件做旋转运动时,其进给速度可用下式表示:

$$v_w = \frac{\pi d_w n_w}{1000}$$

式中　v_w——工件速度,m/min;

　　　d_w——工件外圆直径,mm。

三、磨削过程

磨削时,磨粒的切深由零增加到最大值,以后再逐渐减小为零,并且和工件脱离接触。这一过程中材料的变形和去除经历三个阶段。

1. 滑擦阶段

由于磨料以大的负前角和钝圆半径对工件进行切削,切削深度很小,而且砂轮结合剂及工件和磨床系统的弹性变形,使磨粒开始接触工件时只发生弹性变形,磨粒在工件表面滑擦,不能切入工件,仅在工件表面产生热应力。在该阶段内,磨粒微刃不起切削作用,只是在工件表面滑擦。

2. 耕犁阶段

随着磨削深度的增加,磨粒已能逐渐刻划入工件,工件表面由弹性变形逐步过渡到塑性变形,使部分材料向磨粒两旁隆起,工件表面出现耕型现象,但磨粒前刀面上没有磨削流出。此时除磨粒与工件相互摩擦外,更主要的是工件材料内部发生摩擦。磨削表层不仅有热应力,而且有因弹性和塑性变形所产生的应力。

3. 切削形成阶段

磨粒的磨削深度、被切材料的切应力和温度都达到某一临界值,因此,材料明显地剪切面滑移,从而形成切削由前刀面流出。这一阶段工件的表层也产生热应力和变形应力。

各阶段的临界点取决于工件材料的性能,磨粒相对工件材料的切入角和运动速度,磨粒与工件之间的接触刚度和摩擦特性,磨粒切刃形状等。由于滑擦和耕犁阶段只消耗能量而不产生有效的材料去除,所以应尽量减小这两个阶段。

在砂轮表面上,由于磨粒随机分布,磨粒形状和凸起高低各不相同,其切削过程也有差异。其中一些凸出和比较锋利的磨粒,切入工件较深,经过滑擦、耕犁和切削三个阶段,形成非常细微的切削,由于磨削温度很高而使磨屑飞出时氧化形成火花;比较钝的、凸出高度较小的磨粒,切不下切削,只是起耕犁作用,在工件表面挤出微细的沟槽;更钝的、隐藏在其他磨粒下面的磨粒只能滑擦工件表面。可见磨屑过程是包含切削、耕犁和滑擦作用的综合复杂过程。磨粒切下的切屑非常细小(重负荷磨削除外),一般分为带状切屑、碎片状切屑和熔融的球状切屑。

切削中产生的隆起残余量增加了磨削表面的粗糙度,但实验证明,隆起残余量与磨削速度有密切关系,随着磨削速度的提高而成正比下降。因此,高速磨削能减少表面粗糙度。

四、磨削热和磨削温度

1. 磨削热

金属切削时所做的功几乎全部转化为热能,这些热传给切屑、刀具和工件,由于磨削加工切削层较薄,有 60% ~ 95% 将在瞬间传入工件,仅有不到 10% 的热量被磨屑带走,使工件表层温度显著升高,形成局部高温。产生的工件表面温度可达 1000 ℃ 以上,在工件表面形成极大的温度梯度(600 ~ 1000 ℃/mm),出现尺寸形状偏差、表面烧伤、裂纹以及表面/亚表面变质层等缺陷。其结果将会导致零件的抗磨损性能降低,应力锈蚀的灵敏性增加,抗疲劳性能变差,从而降低了零件的使用寿命和工件的可靠性。磨削温度及其分布特征是研究磨削机理和提高零件表面完整性的重要问题。

2. 磨削温度

通常磨削温度是指砂轮与工件接触区的平均温度,但只有磨粒与工件接触面的温度才是真正的磨削点温度,他们对磨削过程有各自不同的影响,故将磨削温度分为以下三种:

(1)工件平均温度

指磨削热传入工件而引起的工件温升,它影响工件的形状和尺寸精度。在精密磨削时,为获得高的尺寸精度,要尽可能降低工具的平均温度并防止温度不均匀。

(2)磨粒磨削点温度

指磨粒切削刃与工件接触局部的温度,是磨削中温度最高的部位,其值可达 1000 ℃ 左右,它直接影响磨削刃的热磨损、砂轮的磨损、破碎和黏附等。

(3)磨削区温度

指砂轮与工件接触区的平均温度,一般有 500 ~ 800 ℃,它与磨削烧伤和磨削裂纹的产生有密切关系。

项目十一　砂轮和磨削液

【项目目的】

了解砂轮的构成与特性,掌握砂轮安装与修整方法,熟悉砂轮的种类、牌号。

【项目内容】

- 砂轮的构成与特性;
- 砂轮的使用、磨损与修整;
- 磨削液。

任务一　砂轮构成与特性

砂轮是一种用结合剂把磨粒黏结起来,经压坯、干燥、焙烧及车整而成,具有很多气孔,而用磨粒进行切削的工具。砂轮的三要素为磨粒、结合剂、气孔。砂轮的结构示意图如图 11.1 所示。

砂轮三要素与五个特性如图 11.2 所示。

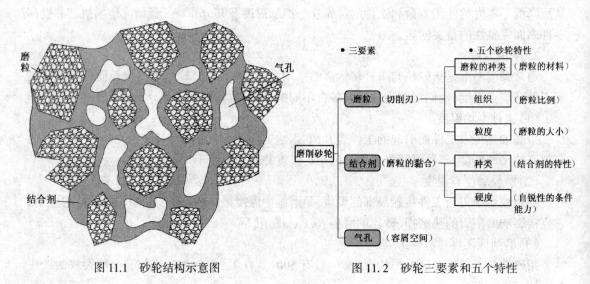

图 11.1　砂轮结构示意图　　　　　图 11.2　砂轮三要素和五个特性

1. 磨粒

磨粒与车刀、刨刀和铣刀的切削刃具有同样的功能,能切削工件,是坚硬的矿物晶体颗粒。

磨粒分天然磨料和人造磨料两大类。除了研磨用的磨料和砂纸所用的磨料,磨床砂轮用的磨料都不使用天然磨料(金刚石除外)。人造磨料包括氧化物系、碳化物系、超硬磨料系。每种系列包含的种类,见表 11.1。

表 11.1　磨料种类与特性

	名称	代号	显微硬度(HV)	特性	适用范围
氧化物	棕刚玉	A	2200~2280	棕褐色,硬度高,韧性大,价格便宜	碳钢,合金钢,可锻铸铁,硬青铜
	白刚玉	WA	2200~2300	白色,硬度比棕刚玉高,韧性比棕刚玉低	淬火钢,高速钢,高碳钢及薄壁工件
	铬刚玉	PA	2000~2200	玫瑰红或紫色;韧性比白刚玉高,磨削表面粗糙度小	
碳化物	黑碳化硅	C	2840~3320	黑色,有光泽;硬度比白刚玉高,脆而锋利,导热性和导电性良好。	铸铁,黄铜,铝,耐火材料及非金属材料
	绿碳化硅	GC	2800~3400	绿色,硬度和脆性比黑碳化硅高,有良好的导热性和导电性	硬质合金,宝石,陶瓷,玉石,玻璃
超硬磨料	人造金刚石	D	10000	无色透明或淡黄色,黄绿色黑色;硬度高,比天然金刚石脆	磨脆硬材料,硬质合金,宝石,光学玻璃,半导体等
	立方氮化硼	CBN	8000~9000	黑色或淡白色;立方晶体,硬度仅次于金刚石,耐磨性高,发热量小	各种高温合金,高铝,高钒高钴钢,不锈钢,还可作氮化硼车刀等

2. 粒度

用手触摸砂轮表面就会发现有的砂轮粗糙,有的砂轮光滑。对于不同的粗糙表面,手的感觉是不同的。这种粗糙程度是由磨粒的大小决定的,用粒度表示磨粒的大小。

砂轮粒度值见表 11.2。通常用筛分的办法区分磨粒的大小。粒度号是指筛网在 1 in (25.4 mm)内所含的网格数。例如,磨粒正好能通过 1 in 内含有 36 个网格的筛网,则该磨粒就叫"#36 磨粒"。

表 11.2　砂轮粒度

粒度	磨粒	# 8/10/12/14/16/20/22/24/30/36/40/46/54/60/70/80/90/100/120/150/180/220/240 粒度号越大,砂轮越细	一般磨削,Ra 可达 0.8 μm,半精磨、成形磨,Ra 可达 0.8~0.16 μm
	微粉	W60/50/40/28/20/14/10/7/5/3.5/2.5/1.5/1.0/W0.5	精磨、精密磨、螺纹磨等;超精密磨、镜面磨等,Ra 可达 0.05~0.012 μm

不过,筛分的办法只适用于粒度号小于#220 磨粒的分级,再细的磨粒就不适用了。粒度号比#220 更大的(磨粒的尺寸更小的),则利用水或空气分选,根据其密度和体积大小的不同加以区分。

砂轮粒度选择的准则是:

(1)精磨时应选用磨料粒度号较大或颗粒直径较小的砂轮,以减少已加工表面的粗糙度。

(2)粗磨时应选用磨料粒度号较小或颗粒较粗的砂轮,以提高磨削生产率。

粗磨时,一般用粒度号#12~#36;磨削一般工件与刃磨刀具多用#46~#100;磨螺纹及精磨、珩磨用#120~#280,超精磨用 W28~W5。

（3）砂轮速度较高时，或砂轮与工件间接触面积较大时，选用颗粒较粗的砂轮，以减少同时参加磨削的磨粒数，以免发热过多而引起工件表面烧伤。

（4）磨削软而韧的金属时，用颗粒较粗的砂轮，以免砂轮过早糊塞；磨削硬而脆的金属时，选用颗粒较细的砂轮，以增加同时参加磨削的磨粒数，提高生产率。

3. 硬度

所谓的硬度不是磨粒、结合剂等单独的硬度，硬度的大小从砂轮的外观是看不出来的。硬度是表示砂轮整体综合强度的参数。

磨削时磨粒和结合剂同时承受磨削力，黏结磨粒的结合剂承受的力更大。因此，一般用硬度来表示结合剂对磨粒的黏结程度。

硬度用英文字母表示，见表11.3。

表 11.3　硬度的表示符号

硬度		超软			软				中			硬			超硬
代号	D	E	F	G	H	J	K	L	M	N	P	Q	R	S	T	Y

用同种结合剂制造的砂轮，相同容积中结合剂含量越高，磨粒与磨粒之间的硬度就越高，气孔越少，砂轮就越硬；反之，相同容积中结合剂含量越低，气孔越多，砂轮越软。

对于砂轮而言，"硬度越高越好"的说法是不对的，适当软一些对磨粒的脱落、新切削刃再生是有好处的。硬度低的砂轮易磨损。硬度高的砂轮保持磨粒的结合力强，磨损后仍然能"抓住"磨粒，使其不易脱落，因而，作为切削刃的磨粒已经钝化了，而结合剂仍然保持不碎。

因此，应根据加工条件，适当选择不同硬度的砂轮。

例如，磨削硬脆的工件应使用较软的砂轮；磨削韧性较好的工件应使用较软的砂轮。另外，砂轮的圆周速度高时，应使用较软的砂轮；砂轮圆周速度低时，应使用较硬的砂轮。

4. 结合剂

把砂轮中的磨粒结合在一起的成分就是结合剂。结合剂通过包裹作用将磨粒黏结在一起，并使砂轮中磨粒黏结起来形成磨具。常用结合剂的种类见表11.4。

表 11.4　结合剂的种类

	种类	代码	特点	用途
结合剂	陶瓷	V	黏结强度高，刚性大，耐热、油、酸、碱等的侵蚀，不怕潮湿，气孔率大，能很好地保持廓形，磨削生产率高，是最常用的一种结合剂。缺点是脆性大、韧性及弹性较差	除薄片砂轮外用于各类磨削的各种砂轮，最常用
	树脂	B	强度高，弹性好，耐热性差；气孔率小，易糊塞；磨损快，易失去廓形；耐蚀性差	荒磨、窄槽、切断、镜面等砂轮，用于高速磨削
	橡胶	R	弹性和强度比树脂结合剂高，但耐热性比树脂结合剂差	轴承沟道、薄片、抛光、无心磨导轮、切断、开槽等砂轮
	青铜	J	型面保持性好，抗张强度高，有一定韧性，但自砺性较差	主要用于粗磨、精磨硬质合金，以及磨削与切断光学玻璃、宝石、陶瓷、半导体等

5. 组织

组织是与磨粒比例有关的概念。砂轮整个体积中所含磨粒的比例,称为磨粒比例。砂轮的组织反映了磨粒、结合剂、气孔三者之间的比例关系。磨粒在砂轮总体积中所占比例越大,则砂轮组织越紧密,气孔越少;反之,则组织越松,气孔越多。砂轮的组织等级见表11.5。

表 11.5 砂轮的组织等级

组织号	0	1	2	3	4	5	6	7	8	9	11	12	13	14
磨粒率(%)	62	60	58	56	54	52	50	48	46	44	40	38	36	34
分类	紧密类				中等				疏松类					
用途	成型磨、精密磨				淬火钢,刀具刃磨				韧性大而硬度不高材料				热敏材料	

气孔的,则硬度低,且类似于铣刀的容屑空间大,因此砂轮就更锋利。

为提高磨削加工的效率,必须考虑砂轮的组织。组织致密,砂轮切削刃越多,仅从这点看,可认为组织致密可以提高加工效率。但实际上,由于组织致密容易导致磨削热和磨削裂纹等,产生不良的磨削后果。因此,必须重视砂轮的组织特性。

6. 砂轮的形状、用途及选择

为了适应不同类型的磨床磨削各种形状工件的需要,砂轮有许多形状和尺寸。砂轮的几个主要类型、形状、代号及主要用途见表11.6。

砂轮表示方法如下,形状、尺寸、磨料、粒度号、硬度、组织号、结合剂、允许的最高工作圆周线速度。例如:砂轮编号 PSA350X100X127A60L5V35,意义描述如下。

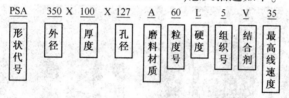

表 11.6 常用砂轮的形状、代号及用途举例

砂轮种类	形状代号	断面形状	主要用途
平形砂轮	P		磨外圆、内圆、无心磨、刃磨刀具等
双斜边砂轮	PSX		磨齿轮及螺纹
双面凹砂轮	PSA		磨外圆、磨刀具、无心磨
切断砂轮(薄片砂轮)	PB		切断及切槽
筒形砂轮	N		端磨平面
杯形砂轮	B		磨平面、内圆、刃磨刀具

续表

砂轮种类	形状代号	断面形状	主要用途
碗形砂轮	BW		刃磨刀具、磨导轨
蹀形砂轮	D		磨齿轮、刃磨铣刀、拉刀、铰刀

任务二　砂轮的使用、磨损与修整

一、砂轮的使用

砂轮的特点是:构成砂轮的磨粒是很坚硬的物质,而砂轮整体又很脆。脆的物体容易打碎,这是一般的规律。然而,对于施加到砂轮上的力的方向,砂轮仅能承受从外圆指向轴心的力,不能承受其他方向的力。所以砂轮适于高速回转。

以上三个条件决定了砂轮的使用条件,砂轮保管时必须竖直放置,如图 11.3 所示。

图 11.3　砂轮的放置方式

砂轮不能直接装到磨床上。首先要把法兰盘装到砂轮上,再通过法兰盘将砂轮装到磨床上。在安装砂轮法兰盘时,要仔细观察,并注意破损情况。砂轮安装前用木棒轻轻敲打,听声音是否清脆。好的砂轮声音清脆,断裂的砂轮声音就不清脆了。

砂轮与法兰盘之间垫 1.0 mm 石棉纸,逆时针拧上法兰盘,松紧适当,不要用力过大。安装到磨床上后,用金刚石笔修整砂轮底面与两侧面。光学曲线磨床砂轮安装如图 11.4 所示。初次安装好的砂轮应点动启动,启动时空转 3~5 min。

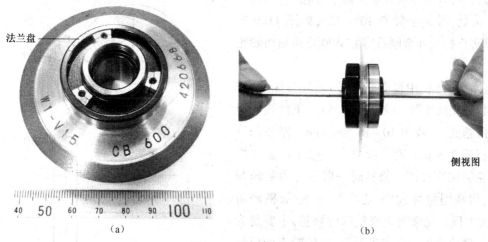

法兰盘

（a）

侧视图

（b）

图 11.4　砂轮的安装

二、砂轮的修整

在加工了一定数量的工件后，砂轮会产生磨损，如继续使用，将引起振动、噪音、加工精度降低、产生裂纹、烧伤等。砂轮磨损到一定程度，如砂轮工作表面被磨屑堵塞、塑性金属黏结而导致磨粒的磨削性能严重降低时，以及成形磨削砂轮廓形失真时，均应及时修整砂轮的工作表面。

砂轮的修整应起到两个作用：一是去除外层已钝化的磨粒或去除已被磨屑堵塞了的一层磨粒，使新的磨粒露出来；二是使砂轮修整后具有足够数量的有效切削刃，从而提高加工表面质量。前一要求容易达到，因为只要修整去适量的砂轮表面即可。后一要求则不易达到，往往随修整工具、修整用量和砂轮特性不同而异。满足后一要求的主要方法是控制砂轮的修整条件。

砂轮修整的方法有单粒金刚石修整、金刚石粉末烧结修整器修整和金刚石超声波修整等，如图 11.5 所示。

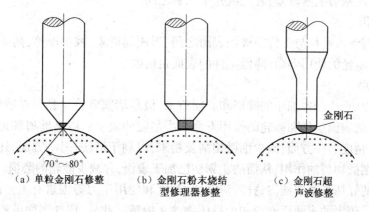

（a）单粒金刚石修整　　（b）金刚石粉末烧结　　（c）金刚石超
　　　　　　　　　　　　　　型修理器修整　　　　　声波修整

金刚石

$70°\sim80°$

图 11.5　砂轮修整的方法

修整时修整器应安装在低于砂轮中心 0.5 ~ 1.5 mm 处,并向上倾斜 10° ~ 15°,如图 11.6 所示,以防止振动和金刚石"啃"入砂轮而划伤砂轮表面。

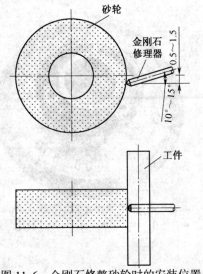

砂轮的修整用量有修整导程、修整深度、修整次数和光修次数。修整导程越小,工件表面粗糙度值越低,一般为 10 ~ 15 mm/min。修整深度为单行程 2.5 μm,而一般修去 0.05 mm 就可恢复砂轮的切削性能。修整时一般可分为初修与精修,初修用量可大些,逐次减小,一般精修需 2~3 次单程。光修为无修整深度修整,主要是为了去除砂轮个别表面突出微刃,使砂轮表面更加平整,其次数一般为 1 次单行程。

图 11.6 金刚石修整砂轮时的安装位置

任务三 磨 削 液

一、磨削液的作用

在金属磨削过程中,合理使用磨削液能够减少砂轮与工件切削之间的摩擦,降低磨削力和磨削温度。这样不仅可以改善工件的表面加工质量,也可以提高刀具的使用寿命。磨削液主要有以下作用:

1. 冷却作用

磨削液的热传导、对流、气化作用,能有效地改善散热条件,带走绝大部分磨屑热。一方面,降低工件的温度,防止加工表面恶化,维持工件的尺寸精度;另一方面,降低磨粒的温度,促进磨粒的自锐作用。磨削液的冷却性能与它的热导率、比热容等有关,一般说来,水基磨削液的冷却性能好,油基磨削液较差,乳化液介于二者之间。

2. 润滑作用

磨削液能够渗入磨粒与工件的接触表面之间,形成润滑膜,减少摩擦,防止磨粒的摩擦损耗和黏附,延长砂轮的使用寿命,降低工件的表面粗糙度。

3. 清洗作用

在磨削过程中,会产生细小的碎屑和磨削粉末,极易堵塞砂轮和黏附在砂轮、工件和磨床表面,影响工件的表面质量和砂轮的使用寿命。磨削液的流动可以将磨屑和掉落下的磨粒冲洗掉,改善加工精度。一方面,减少细微切削及粉末,以利于清洗;另一方面,还有冲刷在切削过程中产生的细微切屑的作用,从而防止划伤已加工表面,并减少砂轮的磨损。

清洗性能的好坏与磨削液渗透性、流动性、黏度和使用压力等因素有关。因此,往往在磨削液中加入剂量较大的表面活性剂和少量矿物油水溶液。此外,增加磨削液的压力和流量也可提高清洗效果。

4. 防锈作用

油基磨削液本身具有防锈作用,其他种类的磨削液应在磨削液中加入皂类和各种防锈添加剂,如亚硝酸钠、苯甲酸钠、三乙醇胺等,也可以避免工件、刀具和机床被磨削液氧化锈蚀。

磨削液除应具有上述主要作用外,还应具有对人体无害、无刺激性、不发臭、不发霉、易消泡、便于存储、原料来源丰富、使用方便及价格便宜等优点。

在磨削液的作用中,降低工件表面温度防止工件热损伤、润滑接触区减小磨具与工件的摩擦应是磨削液的主要作用。对于高速和超高速磨削、高效深切磨削、快速点磨削等,考虑到高速旋转气流场的阻碍作用,应加大磨削液的供给压力,以提高磨削液进入接触区的比率,保证冷却和润滑效果,对于这类磨削场合一般供液压力可取 $P>0.5$ MPa。而对于难加工材料的磨削场合,还必须考虑磨削液的抗黏附能力和化学反应特性,以保证磨削液对提高磨除率和降低表面粗糙度的效果。

二、磨削液的种类及性能

磨削液通常分为水基磨削液和油基磨削液两大类,具体见表 11.7。

表 11.7　常用磨削液及应用

序号	种类	名称	成分	性能与用途
1		矿物油	石油磺酸钡 2% 煤油 98%	用于珩磨、超精密、硬质合金磨削
2		复合油	煤油 80%~90% L-AN15 油 10%~20%	用于珩磨及磨削光学玻璃
3		极压油	石油磺酸钡 0.5%~2% 环烷酸铅 6% 氯化石蜡 10% L-AN10 油 10% L-AN32 余量	润滑性能好,无腐蚀,用于超精磨削
4	油基 磨削液	F-43 极压油	氧化石蜡脂钡皂 4% 二烷二硫化磷酸锌 4% 二硫化钼 0.5% 石油磺酸钡 4% 石油磺酸钙 4% L-AN7 油 83.5%	用于磨削耐磨钢、耐热合金钢及耐蚀钢
5		磨削油	石油磺酸钡 4% 6411 添加剂 5% 氯化石蜡 10% 油酸 7% L-AN32 油 74% 硅油另加 10^{-7}~10^{-6}	用于高速磨削,极压性能好,对防止局部烧伤退火有良好效果

续表

序号	种类	名称	成分	性能与用途
6	水基磨削液	69-1乳化液	石油磺酸钡 10% 磺化蓖麻油 10% 油酸 2.4% 三乙醇胺 10% 氢氧化钾 0.6% L-AN10、L-AN7 余量	用于磨削钢和铸铁件
7		防锈乳化液	石油磺酸钠 8%~9% 石油磺酸钡 11%~12% 环烷酸钠 12% 三乙醇胺 1% L-AN15 余量	用于磨削黑色金属及光学玻璃
8		半透明乳化液	石油磺酸钠 39.4% 三乙醇胺 8.7% 油酸 16.7% 乙酸 4.9% L-AN15 油 34.9%	用于精磨
9	水基磨削液	高速、高负荷磨削液	氧化硬脂酸 含硫添加剂 三乙醇胺 消泡剂 水	用于高速磨削及高负荷磨削
10		珩磨液	硫酸化蓖麻油 0.5% 磷酸三钠 0.6% 亚硝酸钠 0.25% 硼砂 0.25% 水	用于珩磨,有良好的冷却性能和清洗性能
11		透明水溶液	碳酸钠 0.15% 亚硝酸钠 0.8% 甘油 0.8%~1% 聚乙二醇 0.3%~0.5% 水	用于无心磨削和外圆磨削
12		苏打水	碳酸钠 0.5% 亚硝酸钠 1%~1.2% 甘油 0.5%~1% 水	用于黑色金属和有色金属磨削,适用于金刚石砂轮

三、磨削液的要求

选用磨削加工的磨削液,不但要考虑其他切削加工的条件,而且还得考虑磨削加工本身的特点:磨削加工实际上是多刃切削;磨削加工时进给量较小,切削力不大;磨削速度较高,因此磨削区域温度较高,容易引起工件表面局部烧伤;磨削加工热应力会使工件变形;直至使工件表面产生裂纹;磨削加工会产生大量的细碎切屑和砂轮粉末,会影响工件表面粗糙度等。因而,对磨削液有如下几点要求:

①有良好的冷却性能,能在短时间内带走和散发磨削区域产生的大量热量。

②有良好的清洗性能,流动性大,以便及时冲洗掉磨屑和碎磨粒。

③有适当的润滑性能,以减少砂轮与工件表面之间的摩擦,改善砂轮的切削性能,获得较低的表面粗糙度。

④冷却润滑液的成分要纯,不应含有毒性的杂质,不损坏工人的身体健康。同时,不能有腐蚀性,不腐蚀机床和工件。

⑤冷却润滑液不应侵蚀砂轮结合剂,以免破坏结合剂的黏结性能,而使砂轮受到腐蚀。

⑥冷却润滑液能与水均匀混合,在水箱内不起泡沫,并且不易燃烧,价格低廉。

⑦冷却润滑液中不应含有过多的润滑物质,更不能含有脏物及铁屑粉末,要保持清洁。

⑧在某些精加工中,冷却润滑液一般是透明的,以便观察工件。

项目十二　常用磨削加工方法

【项目目的】

掌握模具部件常用磨削加工方法。

【项目内容】

- 外圆磨削；
- 内圆磨削；
- 平面磨削；
- 光学曲线磨削。

模具零件的加工精度和表面粗糙度一般要求较高，因此，许多零件必须经过磨削加工。常见的磨削加工有一般磨削、坐标磨削和成型磨削等。在模具生产中，形状简单的零件（如导柱、导套的内、外圆面和模具零件的接触面等）一般选用万能外圆磨床、内圆磨床、平面磨床进行加工，而模具的异形工作面和精度要求较高的零件（如高速冲模的工作零件）一般在成型磨床、光学曲线磨床、坐标磨床和数控磨床上加工。

任务一　外圆磨削

磨床外圆磨削和利用车床进行外圆切削的原理相同，都是工件旋转进行加工。但不同的是车床用车刀来切削，磨床用砂轮来进行磨削。

外圆磨削的加工方式是以高速旋转运动的砂轮对低速运动的工件进行磨削，工件相对于砂轮作纵向往复运动。外圆磨床可加工外圆柱面、圆台阶面和外圆锥面等。模具零件中圆形凸模、导柱、导套、推杆等零件的外圆柱面需进行外圆磨削，其加工在普通外圆磨床或万能外圆磨床上进行，如图 12.1 和图 12.2所示。外圆柱面的磨削精度可达 IT5～IT6，表面粗糙度 Ra 可达 0.2～0.8 μm。

图 12.1　外圆磨床

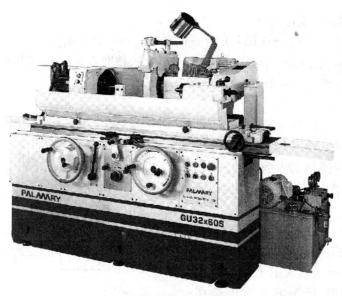

图 12.2　万能外圆磨床

一、外圆磨削的方法

外圆磨削主要包括纵向磨削法和切入磨削法。

1. 纵向磨削法

工作台行程终了(双行程或单行程),砂轮作周期性径向进给,每次背吃刀量较小,磨削余量要在多次往复行程中磨去,如图 12.3 所示,砂轮超越工件两端的长度一般取 $(1/3 \sim 1/2)B$, B 为砂轮宽度。

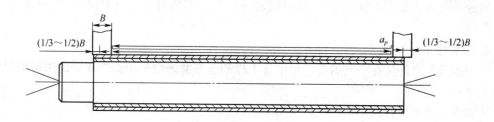

图 12.3　纵向磨削法

(1)纵向磨削法的特点

①在砂轮整个宽度上,磨粒工作情况是一样的,处于纵向进给运动方向前面部分的磨粒,起主要的切削作用,而后面部分的磨粒,主要起磨光作用。由于磨削力小,散热条件好,工件可获得较高的加工精度和较小的表面粗糙度。如果适当增加"磨光"时间,工件的加工质量可进一步提高。

②工件磨削余量要经多次切除,机动时间较长,生产效率较低。

③切削力小,因而特别适用于加工细长的工件。

④可用同一个砂轮加工不同长度的各种工件,而且加工质量较好。

（2）纵向磨削法的磨削用量

①背吃刀量 f_r，粗磨 $f_r = 0.01 \sim 0.04$ mm，精磨 $f_r \leqslant 0.01$ mm。

②纵向进给量 f_a，粗磨 $f_a = (0.4 \sim 0.8)B$ mm/r，精磨 $f_a = (0.2 \sim 0.4)B$ mm/r。

③工件圆周速度 v_w，一般取 $v_w = 13 \sim 20$ m/min。

2. 切入磨削法

切入磨削法又称横向磨削法。如图 12.4 所示，当砂轮宽度大于加工部件宽度时，砂轮可连续横向切入磨削，磨去全部加工余量。粗磨时可进行高速切削，精磨时要低速切削，无纵向进给运动。

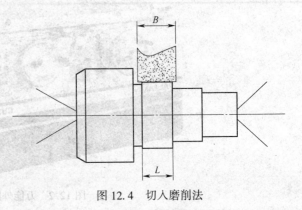

图 12.4　切入磨削法

切入磨削法的特点如下：

①可作连续横向进给，生产效率较高。

②磨削时易产生较大的磨削力和磨削热，工件易变形，严重时会发生烧伤现象。

③无纵向进给运动，砂轮表面形态会印到工件表面上，影响表面粗糙度。

④只适用于磨削长度较短的外圆表面。

3. 分段磨削法

分段磨削法又称综合磨削法，它是切入磨削法和纵向磨削法的综合。先用切入磨削法将工件分段进行粗磨，留精磨余量 $0.03 \sim 0.04$ mm，然后再用纵向磨削法精磨工件至尺寸要求。这种方法具有切入磨削法生产效率高的优点和纵向磨削法精度高的优点。分段时，相邻两段间应有 $5 \sim 15$ mm 的重叠。

这种磨削方法适用于磨削量大且刚性较好的工件，不适合长度过大的工件，通常 $2 \sim 3$ 段最为合适。

4. 深切缓进给磨削法

深切缓进给磨削法在一次纵向进给中将工件的全部磨削余量切除。利用该法磨削时应注意以下事项：

①机床应具有较好的刚度和较大的功率。

②选用较小的纵向进给量。

③磨削时，要锁紧尾座套筒，防止工件脱落。

④磨削时充分冷却。

5. 轴肩的磨削方法

工件上轴肩的形状如图 12.5 所示，其中图 12.5(a)、(b)为带退刀槽的轴肩，一般用于端面对外圆轴线有垂直度要求的工件；图 12.5(c)为带圆弧的轴肩，常用于强度要求较高的零件。

（1）带退刀槽轴肩的磨削方法

磨削时，将砂轮退离外圆表面 0.1 mm 左右，用工作台纵向手轮来控制工作台纵向进给（图 12.6）。应均匀地间断进给，进给量要小。可通过观察火花来控制进给量。

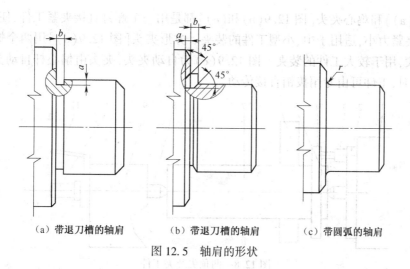

|（a）带退刀槽的轴肩|（b）带退刀槽的轴肩|（c）带圆弧的轴肩|

图 12.5 轴肩的形状

（2）带圆弧轴肩的磨削方法

磨削这种轴肩时,应将砂轮尖角修成圆弧面。外圆面的长度较短时,可先切入磨削法磨外圆,留 0.03~0.05 mm 余量,接着把砂轮靠向端面,再切入圆角和外圆,将外圆磨至要求的尺寸（图 12.7）,上述操作可使圆弧连接光滑。

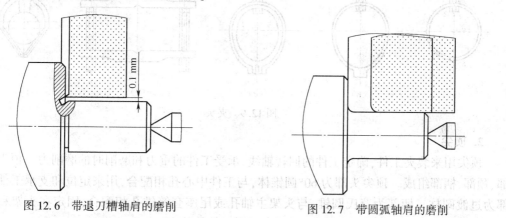

图 12.6 带退刀槽轴肩的磨削　　　图 12.7 带圆弧轴肩的磨削

二、工件的装夹

在磨床上磨削工件,工件的装夹非常重要。工件的装夹包括定位和夹紧两个部分。工件定位要求正确,夹紧要可靠有效,否则会影响加工精度及操作的安全。

外圆磨削时,除了特殊情况外,大多采用两顶尖装夹,如图 12.8 所示。工件两端中心孔的锥面分别支承在两顶尖 5 和 8 的锥面上,形成工件外圆的轴线定位,夹紧来自尾座顶尖 8 的顶紧力,头架 1 上的拨盘 2 和拨杆 3 带动夹头 4 和工件 7 旋转。磨床采用的顶尖都是固定在头架和尾座的锥孔内且不旋转。因此只要工件中心孔和顶尖的形状和位置正确,装夹合理,可以使工件的旋转轴线始终固定不变,获得很高的圆度和同轴度。

1. 夹头

图 12.8 中夹头 4 起带动工件旋转的作用,常用的几种夹头如图 12.9 所示。其中,环形夹

头[图 12.9(a)]和鸡心夹头[图 12.9(b)和(c)]都是用一个螺钉直接夹紧工件,使用方便、制造简单、但夹紧力小,适用于中、小型工件的装夹。方形夹头[图 12.9(d)]用两个螺钉对合夹紧,夹紧力大,用于较大工件的装夹。图 12.9(e)为自动夹头,夹头由偏心杆自动夹紧。当工件端面有槽时,工件可由专用拨销直接传动。

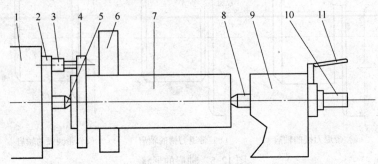

图 12.8 两顶尖装夹工件

1—头架;2—拨盘;3—拨杆;4—夹头;5—夹头顶尖;6—砂轮;7—工件

8—尾座顶尖;9—尾座;10—调节扳手;11—手柄

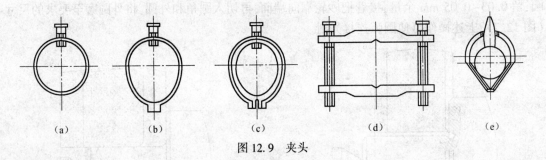

| (a) | (b) | (c) | (d) | (e) |

图 12.9 夹头

2. 顶尖

顶尖用来装夹工件,确定工件的回转轴线,承受工件的重力和磨削时的磨削力。顶尖由头部、颈部、柄部组成。顶尖头部为 60°圆锥体,与工件中心孔相配合,用来定位和支承工件。颈部为过渡圆柱。柄部为莫氏圆锥,与头架主轴孔或尾座套筒锥孔相配合,固定在头架和尾座上。图 12.10 给出了各种顶尖结构,以适合不同工件的装夹。

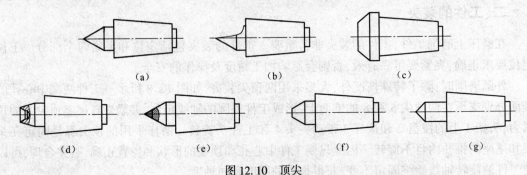

| (a) | (b) | (c) |
| (d) | (e) | (f) | (g) |

图 12.10 顶尖

3. 中心孔

中心孔分为四种类型,A 型中心孔由圆锥孔、圆柱孔组成,圆锥孔与顶尖锥面配合,起到定心、承受工件重力和磨削力的作用。小圆柱孔可以避让顶尖尖端,还可储存润滑剂。B 型中心孔具有 120°圆锥,可以保护 60°圆锥孔边缘,避免受伤,多用于加工精度高、工序过程长的零件,如轴类零件。C 型中心孔,其内螺纹可供旋入钢塞子,起到长期保护中心孔作用,适用于贵重的零件或量具等。R 型中心孔,定心作用小,可减小工件的椭圆度,因与顶尖锥面接触面积减小,工作时可储存润滑油,旋转轻快,还可对中心孔起保护作用。为了保证磨削质量,中心孔必须达到以下要求:60°内锥面的圆度要好,不能有椭圆或多角形误差。检查中心孔用涂色法,要求接触面积大于 80%;60°内锥面不能有毛刺、碰伤等缺陷,表面粗糙度在 $Ra0.8\ \mu m$ 以下;中心孔的尺寸按工件直径选取;对于精度要求高的轴,淬火前要修研中心孔;对于要求特殊的工件,可采用特殊结构的中心孔。

三、外圆磨削加工实例

1. 零件图

如图 12.11 所示工件,需用外圆磨床加工。工件材料为 NAK80,外形尺寸为 $\phi47\times30$ mm。

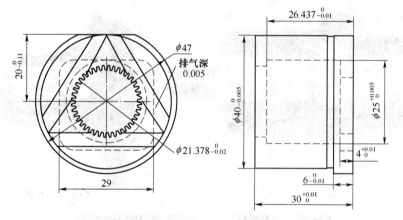

图 12.11 零件图样

2. 技术要求

①$\phi40$ 与 $\phi25$ 同轴度在 0.005 mm 以内。

②齿形与 $\phi40$ 同轴度在 0.005 mm 以内。

表 12.1 加工工艺单

工序	加工内容	机床
L	粗加工 $\phi40.0$ mm×30.0 mm 单边留 0.2 mm～0.25 mm,在中心加工 $\phi10.0$ mm 穿丝孔,$\phi47.0$ mm 加工到尺寸,精加工 $\phi25.0$ mm 到尺寸,26.437 mm+0.2 mm 加工清根空刀、前端导角 C0.5 mm	
M	粗加工 20.0 mm 定位边	铣床
G	30.0 mm 见平,然后根据 26.437 mm 的测量尺寸,加工 26.437 mm 尺寸	平面磨床
CG	加工 $\phi40.0$ mm 到尺寸,并靠出 30.0、6.0 端面(用工装加工外圆),保证 $\phi40.0$、$\phi25$、$\phi47.0$ 同心	外圆磨床
G	加工 47.0×6.0 及 20.0 定位边到尺寸,在 20.0 定位边对面磨 16.0 平面,便于 MC 装夹	平面磨床

续表

工序	加工内容	机床
MCG	精加工反面挂台及正面排气到尺寸（装夹请注意，不要夹变形）	高速加工中心
W	精加工齿形部分	线切割机床
QC	将型芯 C2020000、C2040000 镶入 C2010000 后作标记，加工 C2020000 齿形、C2040000 型芯孔及 C2020000、C2040000 顶杆孔部分	
G	加工 0.0035 排气到尺寸	平面磨床

备注：MCG 高速加工中心、G 平面磨床、W 线切割、QG 钳工。

3. 加工前准备

①机床选用数控外圆磨机床，其加工粗糙度可达 $Ra0.4\ \mu m$。

②砂轮选择白刚玉砂轮。

③采取相对两顶尖夹持装夹方法。先加工一直径与工件内径相同的心轴，将工件套在心轴上并用螺母锁紧，如图 12.12 所示，再将心轴两端定在两顶尖上夹持稳固。

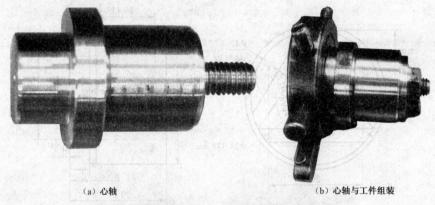

（a）心轴　　　　　　　　　　　　（b）心轴与工件组装

（c）工件的装夹

图 12.12　两顶尖夹持装夹

④磨削液选择乳化液并注意充分冷却。

4. 外圆磨操作步骤

①确认图纸、设计外形与加工精度，检查磨削余量。

②装夹工件，并调整顶尖夹持力度，使力度适中。

③找正工件,使工件旋转轴与机床砂轮主轴平行。

先对工件进行微量磨削,然后用千分尺测量工件各段直径,如果有差异,则说明工件旋转轴与机床砂轮主轴不平行。可通过机床右边的找正装置进行调节,如图 12.13 所示。再次对工件进行微量磨削,直到工件各段直径均相同时为止。

④通过操作面板上的旋钮,控制 X、Z 方向上的进给量到加工尺寸,如图 12.14 所示,直到加工完成。加工后的工件如图 12.15 所示。

图 12.13 找正装置

图 12.14 外圆磨削加工

图 12.15 加工完成的工件

⑤加工完毕后,将砂轮退离工件,切断总电源,各手柄放置在空位上。恢复磨床正常状态,做好日常保养。

5. 工件检测

用千分尺对工件外圆尺寸测量即可。

6. 注意事项

①磨削过程中,要特别注意做好装夹、找正和对刀操作,严格控制装夹的顶紧力。对刀后第一次进给量不能太大,可采用磨削指示仪或工件上涂红油进行对刀。

②要合理分配磨削余量,控制磨削用量,特别是在精磨和精密研磨时,更要严加控制,以保证工件的加工精度。

③磨削液应有良好的冷却性能和润滑性能,必须净化、清洁并充足供应。

任务二 内圆磨削

内圆磨削是内孔的精加工方法,模具零件的内圆柱面(如导套内圆柱面、圆凹模成型面等)需进行内圆磨削,其加工在内圆磨床(图12.16)或万能外圆磨床上进行。磨削的尺寸精度可达到 IT6~IT7 级,表面粗糙度 Ra 值为 $0.2~0.8\ \mu m$。采用高精度内圆磨削工艺,尺寸精度可以控制在 $0.005\ mm$ 以内,表面粗糙度 Ra 值可达 $0.01~0.02\ \mu m$。

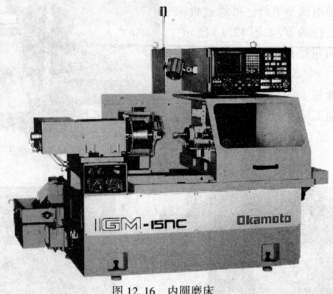

图 12.16 内圆磨床

一、内圆磨削的特点

①由于受内圆直径的限制,内圆磨削的砂轮直径小,转速又受到内圆磨床主轴转速的限制,砂轮的圆周速度一般达不到 $30~35\ m/s$,因此,磨削表面质量比外圆磨削差。

②由于砂轮与工件成内切圆接触,砂轮与工件的接触弧比外圆磨削大,因此,磨削热与磨削力都比较大,磨粒容易磨钝,工件容易发热或烧伤。

③内圆磨削时,磨削液不易进入磨削区域,磨屑也不易排出,当磨屑在工件内孔中聚集时,容易造成砂轮塞实并影响工件的表面质量。特别是在磨削铸铁等脆性材料时,磨屑与磨削液混合成糊状,更容易产生砂轮塞实,影响砂轮的磨削性能。

内圆磨削的形式主要有中心内圆磨削、行星式内圆磨削和无心式内圆磨削,如图 12.17 所示。

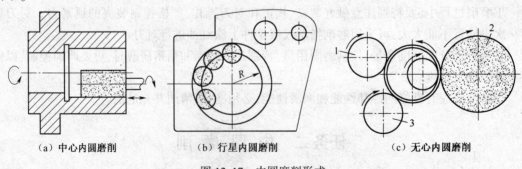

（a）中心内圆磨削　　　（b）行星内圆磨削　　　（c）无心内圆磨削

图 12.17 内圆磨削形式

1—压轮;2—导轮;3—支撑轮

　　内圆磨削时,模具零件的装夹方法与车床装夹方法类似,较短的套筒类零件如凹模、凹模套等可用三爪自定心卡盘装夹;矩形凹模孔和动、定模板型孔可用四爪单动卡盘装夹,大型模板上的型孔、导柱、导孔套可用工件端面定位,在法兰盘上用压板装夹。

任务三　平面磨削

　　平面磨床是磨削工件平面的机床,如图 12.18 所示。平面磨削一般是在铣削、刨削的基础上进行的精加工,加工时工件通常装夹在电磁吸盘上。平面磨削的方法有周磨和端磨两种。周磨使用卧式平面磨床,用砂轮的圆周面来磨削平面;端磨使用立式平面磨床,用砂轮的端面来磨削平面。卧式平面磨床磨削时发热量少,冷却和排屑条件好,加工精度可达 IT5~IT6,表面粗糙度 Ra 可达 0.2~08 μm,在模具零件加工中应用较多。立式平面磨床用来磨削冲裁模的刃口比较方便。

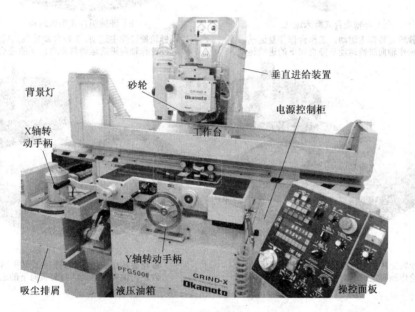

图 12.18　平面磨床

　　根据砂轮工作面和工作台形状的不同,普通磨床可分为四类:卧轴矩台式平面磨床、卧轴圆台式平面磨床、立轴矩台式平面磨床和立轴圆台式平面磨床。各种方式的主要区别在于进给运动的不同,如图 12.19 所示。

一、平面磨削常用方法

　　平面磨削的常用方法有横向磨削法、切入磨削法和台阶磨削法。

1. 横向磨削法

　　当工作台纵向行程终了时,砂轮主轴或工作台作一次横向进给,砂轮所磨削的金属层厚度就是实际背吃刀量。磨削宽度等于横向进给量,待工件上第一层金属磨去后,砂轮重新作垂直进给,一直把全部磨削余量磨去,使工件达到所需要的尺寸,这种方法称为横向磨削法,如图12.20(a)所示。

（a）卧轴矩台式磨床运动
砂轮旋转作主运动。工作台作往复运动,
砂轮作轴向进给运动与竖直向下的进给运动。

（b）卧轴圆台式磨床运动
砂轮旋转作主运动。工作台旋转做圆周运动,
砂轮作轴向进给运动与竖直向下的进给运动。

（c）立轴矩台式磨床运动
砂轮旋转作主运动。工作台作往复运动,
砂轮作轴向进给运动与竖直向下的进给运动。

（d）立轴圆台式磨床运动
砂轮旋转作主运动。工作台旋转做圆周运动,
砂轮作轴向进给运动与竖直向下的进给运动。

图 12.19　平面磨床类型

粗磨时,垂直进给和横向进给量可大些;精磨时,垂直进给和横向进给量应较小。

横向磨削法是平面磨削中应用最为广泛的一种方法,它适用于精磨长而宽的平面,其优点是接触面积小,发热量小,工件变形小,排屑、冷却条件好,砂轮不易堵塞,因而工件的加工质量容易保证,但生产效率低,砂轮磨损不均匀。

2. 切入磨削法

当砂轮宽度 B 大于工件磨削宽度 b 时,磨削加工时砂轮不作横向进给,只作切深方向的进给,如图 12.20(b)所示。其磨削特点是生产效率高。由于粗磨时的背吃刀量较大,所以适用在功率大、刚度好的磨床上磨削较大型的工件,磨削时还必须注意装夹可靠和充分冷却。

3. 台阶磨削法

台阶磨削法是根据工件磨削余量的大小,将砂轮修整成台阶形,使其在一次垂直进给中磨去全部余量,如图 13.20(c)所示。

砂轮的台阶数目按磨削余量的大小确定,用于粗磨的各台阶长度应相等,背吃刀量也要相同。为了保证加工质量,砂轮的精磨台阶宽度应大于砂轮宽度的 1/2,深度等于精磨余量(0.02~0.04 mm)。

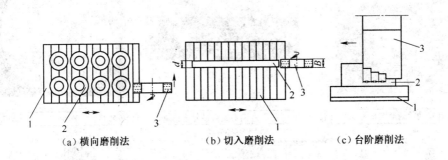

(a)横向磨削法   (b)切入磨削法   (c)台阶磨削法

图 12.20 平面磨削常用方法

1—工作台;2—工件;3—砂轮

用台阶磨削法加工时,由于磨削用量较大,为了保证工件质量和提高砂轮的寿命,横向进给应缓慢。

台阶磨削法的优点是生产效率高,但由于台阶磨削法修整砂轮较麻烦,要有一定的条件,所以在应用上受到一定的限制。

二、平面磨削加工实例

1. 六面体的加工

为熟悉平面磨床的使用方法,首先以长方体六个表面的磨削加工为例进行说明,如图 12.21所示。

加工前检查外形余量,通常以较大的两面作为基准面进行加工,操作流程如图 12.22 所示。

加工结束后设备自动停止。同样地,再以 b 面为基准加工 a 面,去除工件毛刺,用平口钳夹持 a、b 面,注意 c、d 要高于钳口端面,分别以钳口的底面和侧面为基准加工此两面,保证垂直度在 0.003 mm 以内。

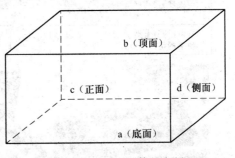

图 12.21 正六面体的磨削

2. 角度面的加工

角度面的磨削图如图 12.23 所示,操作过程见表 12.2。

启动磨床，找平工作台 ➡ 按如图12.22所示位置进行加工，则以底面a为基准，磨削顶面b ➡

上磁：上磁键转至右侧ON的位置，并将砂轮移至工件上方 ➡ 将功能键转至MANUAL×10位置 ➡ 向右旋转砂轮进给钮（每格0.01mm）当砂轮与工件b面非常接近时

➡ 将功能调节键转至X1位置 ➡ 向右旋转砂轮进给旋钮，直至砂轮接触工件 ➡

调节工作台上手柄、工作台下方靠左的定位键至合适位置 ➡ 调节砂轮至最低点，当砂轮与工件b面接近时，打开自动运行开关 ➡

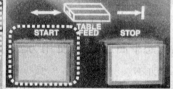

Y轴切换手柄

慢慢松开Y轴切换手柄，X轴切换手柄切换至转到自动位置 ➡ 调节Y轴运行速度：将功能调节键旋至STOCK REMOVAL位置，输入进给量，再旋到AUTOSIZING处，自动操作开始

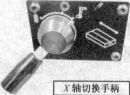

X轴切换手柄

图 12.22　平面磨削操作流程图

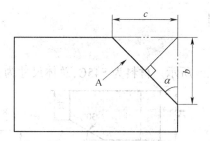

图 12.23 角度面的磨削

表 12.2 角度面的加工步骤

序号	操作过程
1	检查外形尺寸,利用正旋磁力平台对角度面进行加工,计算出斜面的角度 α(根据三角函数计算) 正旋磁力平台
2	使用正旋磁力平台,在工作台上用千分表将磁力平台 Y 方向托平,按斜面的角度 a 设定磁力平台张开角。(正旋磁力平台角度的计算公式为 $50 \times \sin\alpha$,前端圆柱圆心到角顶点的距离为 50 mm)
3	将工件放到磁力平台上,用千分表将工件的 Y 方向与磁力平台找平,计算出角度加工余量。(过角度顶点作垂直于斜面的辅助线,该辅助线长即等于 $b \times \sin\alpha$)

三、凹槽的加工

加工图 12.24 所示的凹槽,加工步骤如图 12.3 所示。

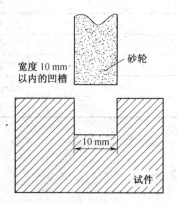

宽度 10 mm 以内的凹槽
砂轮
10 mm
试件

图 12.24 矩形凹槽块的加工

表 12.3 凹槽的加工步骤

序号	加工步骤
1	检查外形尺寸,修整砂轮对槽进行加工,确定凹槽尺寸,选用与凹槽尺寸相近的薄砂轮
2	将砂轮宽度修整为与工件凹槽宽相同的尺寸
3	砂轮宽度的校验:切削一定深度后,到检测室测量,得到经修整后砂轮的厚度,如果凹槽宽度过大,则再次调整砂轮,直到砂轮厚度与凹槽尺寸完全一致再进行槽的磨削

四、平面磨削加工实例

1. 零件图

零件图和组装图如图 12.25 所示。材料为 S45C,总体尺寸为 55 mm×55 mm×25 mm。

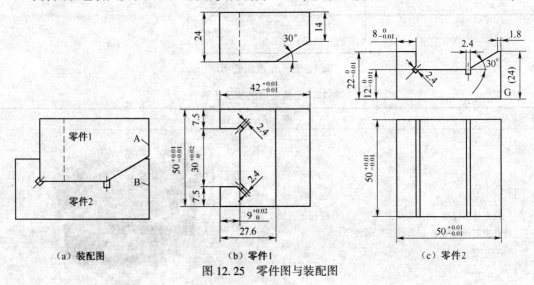

（a）装配图　　　　　（b）零件1　　　　　（c）零件2

图 12.25　零件图与装配图

2. 技术要求

①可以采用湿式或干式中的任意一种;

②组装零件 1 和零件 2 时,侧面 A、B 的不重合度在 0.02 mm 以内;

③零件 1 和零件 2 的垂直度规定在 0.008 mm 以内;

④零件 2 的斜面要与零件 1 的配合;

⑤未注角度,利用油石进行倒角加工;

⑥未注明粗糙度 Ra 为 25 μm。

加工工艺表如表 12.4 所示。

表 12.4　加工工艺表

工序	加工内容	机床
MB	备料单边留 0.25	铣床
M	粗加工各处单边留 0.2	铣床
G	加工外形各处平面到尺寸	平面磨床
W	加工槽	钱切割机床
G	加工斜面到指定角度及尺寸	平面磨床

备注:MB 普铣备料、M 铣、G 平面磨床、W 线切割。

3. 磨削操作准备

根据工件材料与加工技术要求,进行如下分析和准备。

①机床选用 PFG500II 型的卧轴矩台平面磨床。

②砂轮选用白刚玉 WA60J8VBE 型平形砂轮,修整砂轮用金刚石笔。

③用电磁吸盘,精密平口钳装夹工件,装夹时注意找正。

④磨削液选用乳化液作为磨削液并注意充分冷却。

4. 磨削操作步骤

①清理工作台和工具表面,检查磨削余量、工作台平面度、选择修整砂轮。

②首先以 4 面为基准磨削 1 面,先磨削工件最大面(精磨),而后将此面作为工件的整体基准,以最大面为基准也是磨削加工中最好的方法;如图 12.26 所示。将 4 面固定在工作台电磁吸盘上。

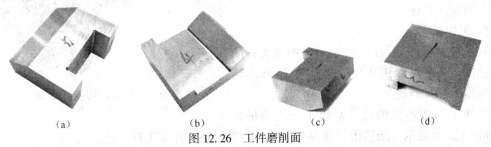

(a)   (b)   (c)   (d)

图 12.26 工件磨削面

③1 面加工完成后,以此面为基准加工 4 面,组合后立方体则有两个面为精加工面。

④以 1、4 面为基准装夹于平口钳上,如图 12.27 所示,加工 2 面和 3 面。此时已经加工出 4 个平面。

(a)   (b)

图 12.27 所需要磨削面

⑤将加工好的 2 面为基准加工 6 面,以 3 面为基准加工 5 面,如图 12.28 所示。此时六方体六个面已全部加工完成。

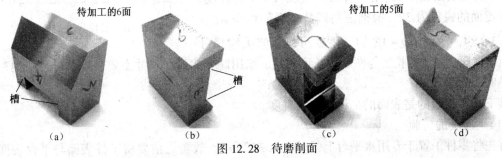

(a)   (b)   (c)   (d)

图 12.28 待磨削面

⑥加工槽,用砂轮加工侧面。

⑦加工角度,工作台调整到工件所需的角度,选择合适的量块,垫入正弦磁力平台。

研磨膏面

⑧装配研磨,采用工厂用光亮膏涂于配合的斜面,如图 12.29 所示,再将两零件进行装配相互滑动,取消装配后观察配合面上研磨膏分布状态,如图 12.29 所示。若研磨膏均匀分布,则表明两者配合面加工完好。

5. 工件检测

在三级平板上,用百分表检测各相关要素的位置精度。外形尺寸用外径千分表测量,深度尺寸用深度千分尺测量。

图 12.29　涂研磨膏的表面

零件 1 与 2 各自的尺寸采用千分尺测量长度,如图 12.30 所示。所读得尺寸在要求的公差带内则零件加工符合要求。

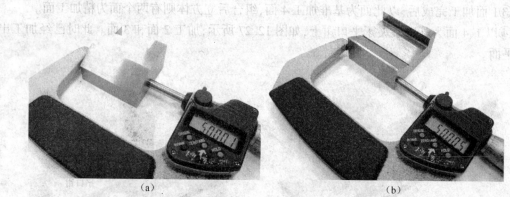

(a)　　　　　　　　　　　　　　　　　(b)

图 12.30　尺寸的测量

零件 1 的一个较为重要的几何元素,即角度面(斜面)的加工,根据技术要求该面需要与零件 2 的角度面进行配模,采用光明丹试剂(糊状)配模时,两零件斜面配合度要求达到 80% 以上。其中一关键尺寸 EB 长度的检验如图 12.31 所示。采用一直径为 8 mm 的芯轴,要求该芯轴与底面 AB 及角度面相切,利用千分尺测量线段 CD 的长度。由于角度面的锐角为 30°,根据三角函数关系便可得 $AE = (1 + \sqrt{3}) \times 4$。利用 $CD \sim AE$ 的长度就可以得知关键尺寸

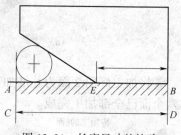

图 12.31　长度尺寸的校验

EB 的长度,再将 EB 的长度与图纸中长度对比。采用此方式校验尺寸主要是为了尽可能地避免测量时的误差。

接下来要检验的是表面的平行度与垂直度。

(1)平面度的检验

首先将零件 1 置于专用水平台上,如图 12.32 所示。放置之前要将工件表面与平台表面

擦拭干净以免影响校验准确性;其次,固定千分表一端,并将探测头紧密地接触于工件待测表面;沿水平台的各个方向均匀地平移工件,观察刻度盘指针的变化,如若指针未发生偏转,则表明该表面是水平的。若指针发生偏转,则需要采集多点查看指针的偏移量,将不在同一直线上 3 点偏移量的均值作为该面的平面度值。同理,可检验两零件的其他面的平面度值。

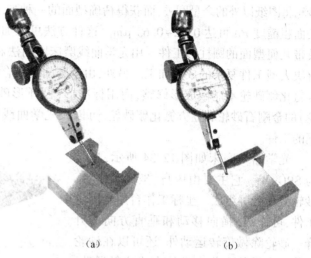

图 12.32　平面度的校验

（2）垂直度的检验

检验垂直度时需要辅助以精密平口钳,当检验如图 12.33 所示 a、b 两面的垂直度时,首先将零件 1 固定于平口钳上,再利用千分表检验 a 面是否水平,否则调整平口钳。在确定该面水平后,拧紧平口钳以固定零件 1 后,整体旋转 90°检验 b 面,若 b 面亦是水平,即千分表指针为无偏转,则表明 a、b 两面是垂直的。若在检验 b 面时,指针发生偏转,则偏转量即为垂直度值。同理,可以检验零件 2 的垂直度。

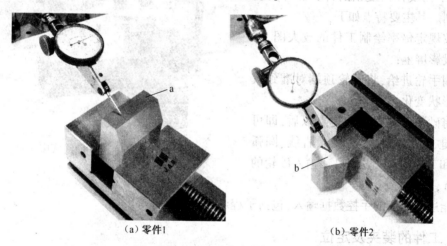

（a）零件1　　　　　　　　　　（b）零件2

图 12.33　垂直度的校验

此外,垂直度还有许多其他检验方法,如采用角尺与圆柱角尺等工具检验,也是生产中应用较为广泛的方法。另外,还可以采用上述两种尺及精密铁角尺与千(百)分表相结合的方式检验。

任务四　光学曲线磨削

光学曲线磨削是利用投影放大原理,在磨削时将放大的工件形状与放大图进行比较,操纵砂轮将图纸以外的余量磨去,而获得精确型面的一种加工方法。其中加工精度可达±0.01 mm,表面粗糙度 Ra 可达 0.32~0.63 μm。这种方法可以加工较小的型模拼块、凸凹模镶块、样板及带几何型面的圆柱形工件。用光学曲线磨床磨削法和精密平面磨床磨削法相互配合,可以解决大型工件复杂的成形加工。另外,由于磨削硬质合金及合金工具钢用的金刚石砂轮和立方氮化硼砂轮不能做成形修整,而用标准形(圆弧形砂轮、单斜边砂轮、双斜边砂轮、薄片砂轮)的金刚石砂轮和立方氮化硼砂轮,可以在光学曲线磨床上成形磨削硬质合金和合金工具钢的工件。

光学曲线磨床如图 12.34 所示,型号为 SPG-W。它主要由床身、坐标工作台、砂轮架和光屏组成。坐标工作台用于固定工件,可作纵、横向移动和垂直方向的升降。砂轮除做旋转运动外,还可以在砂轮架的垂直导轨上作自动的直线往复运动,其行程可在一定范围内(0~50 mm)调整。

数控自动光学精密曲线磨床可根据工件放大图图形的简单输入方式,进行砂轮座纵向进给(X)和横向进给(Y)两轴的数控运转,不需要任何复杂的计算和计算机程序编制。其主要特点如下:

①按规定倍率绘制工件的放大图,并安装在投影屏上;

②用手轮进给,将砂轮顶端对准到放大图的形状变化点上;

③将砂轮顶端对准变化点以后,即可按代码键,以指定"快速进给、直线、圆弧(左、右和 R 尺寸)",以此自动输入砂轮的指令和 X, Y 坐标点;

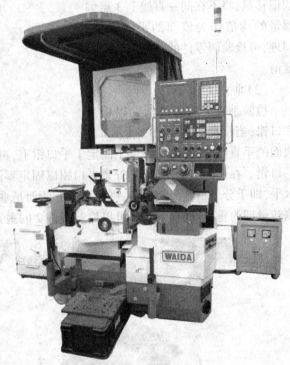

图 12.34　光学曲线磨床

④能进行一般的手控数据输入,包括子程序和各种插补等。

一、工件的装夹及定位

在光学曲线磨床上磨削工件,常采用分段磨削方法加工。在磨削过程中有时需要改变工件的安装位置,所以一般不直接固定在台面上,而是利用专用夹板、精密平口虎钳等装夹固定,或使用简单的夹具根据预先设计好的工艺孔进行分度定位磨削。

二、光学曲线磨床的磨削特点

光学曲线磨床磨削的特点是以逐步磨削的方式加工工件,因此,砂轮的磨削接触面小,磨削点的磨粒容易脱落,所以选用的砂轮应比用平面磨床所用的成形砂轮硬 1~2 级。砂轮的修整也比较简单。

三、光曲磨加工实例

光曲磨用于加工精密模具部件,如图 12.35 所示,材料为 NAK80,外形尺寸为 7×7×60 mm。

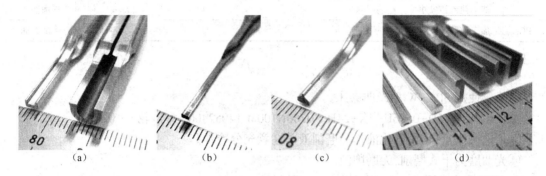

（a）　　　　　　　（b）　　　　　　　（c）　　　　　　　（d）

图 12.35　光曲磨所加工试件

1. 零件图

加工零件图样如图 12.36 所示,图中虚线框内所示即为最终要得到的磨削结果。

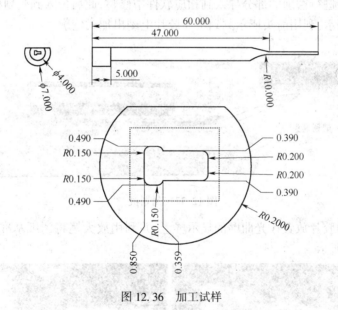

图 12.36　加工试样

2. 加工要求

①表面粗糙度 Ra 为 20 μm;

②冲头有效部分保证;

③尺寸加工精度±0.002 mm;

④工件异形部分的垂直度保证±0.002 mm;

⑤工件异形相对于工件外形的位置度保证±0.002 mm;

加工工艺表如表 12.5 所示。

表 12.5 加工工艺表

工序	加工内容	机床
W	加工外形,挂台到尺寸	线切割机床
G	加工挂台到尺寸	平面磨床
PG	加工前段到尺寸	光曲磨床

备注:G 平面磨床、W 线切割。

3. 磨削操作准备

①机床使用 SPG-W 型光曲磨床。

②砂轮选择 75D-0.06U-5X-24H SD200N100M 140524003 型砂轮。

③用电磁吸盘,精密乳化液作为磨削液并注意充分冷却。

④光曲磨为干式磨削,无磨削液。

4. 磨削操作步骤

①确认图纸,设计外形与磨削精度;

②用专用绘图仪将图形放大 20 倍刻画到胶片上;

将图纸中将要进行磨削的部分导入到相应软件中修整,此后传入到刻划机中进行刻划,刻划机如图 12.37 所示,利用箭头所示刻划头在胶片上刻出加式轮廓。

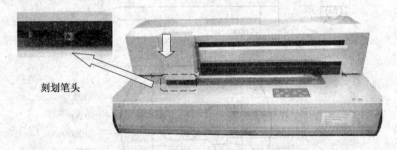

刻划笔头

图 12.37 刻划机

③将刻划好的胶片放置在光曲磨的显示屏上,并利用放大镜将图纸基准线与工作台基准对齐,如图 12.38 所示。

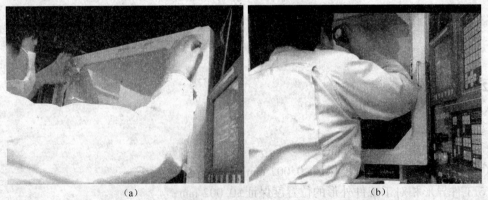

（a） （b）

图 12.38 胶片纸放置

④根据图纸要求调整工件行程：在光曲磨床上设定行程比图纸要求尺寸增加 5 cm（经验值），如图 12.39 所示。

⑤安装砂轮，根据图纸要求，选择适当的砂轮，如图 12.40 所示。

图 12.39　光曲磨上行程的确定

图 12.40　光曲磨砂轮的安装

⑥工件与夹具找正，将待加工试件固定于虎钳上，利用千分表进行找正，此后才可以将夹持了待加工试件的虎钳置于光曲磨工作台上，如图 12.41 所示。

⑦将找正好的夹具安装到工作台上，用千分表再次确认平行度，以确保加工的准确度，如图 12.42 所示。

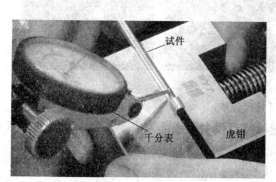

图 12.41　工件与夹具找正

图 12.42　试件与工作台找正

⑧工件与图纸找正。如图 12.43 所示，待加工试件经过投影放大后显示在光曲磨的光屏上，约放大 20 倍。

⑨开始加工。

· 手动粗加工；

· 编程精加工，加工后自动停止。

5. 工件检测

①该凸模的外形尺寸用外径千分表测量，如图 12.44所示，在使用外径千分尺时需用千分尺台架

图 12.43　试件与胶片纸上基准找正

夹持。所读得尺寸在要求的公差带内则零件加工符合要求。

注：使用千分尺台架加持千分尺时应以正确的加持方式加持，如图 12.45 所示。测量时一手转动千分尺棘轮，一手放正零件，不可使零件歪斜。

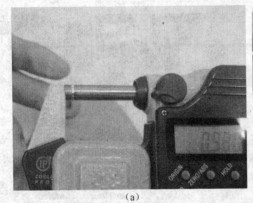 

（a）　　　　　　　　　　　　　　　　　（b）

图 12.44　外形尺寸的测量

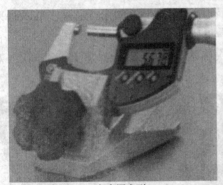  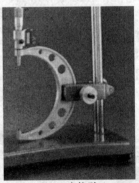

（a）角度固定型　　　　　　（b）角度可调型　　　　　　（c）立柱型

图 12.45　千分尺台架

②凸模的圆角尺寸用工具显微镜测量，测量时将凸模台阶底部吸附于磁力座上再进行测量，如图 12.46 所示。所读得尺寸在要求的公差带内则零件加工符合要求。

注：使用工具显微镜测量时应注意其量程、被测物的大小及重量，再测量之前应先清除工件上的毛刺或胶水。

图 12.46　圆角尺寸的测量

参 考 文 献

[1]董丽华,王东胜,佟锐. 数控电火花加工实用技术[M]. 北京:电子工业出版社,2006.

[2](日)庄司克雄. 磨削加工技术[M]. 郭隐彪,王振忠译. 北京:机械工业出版社,2007.

[3]单岩,夏天. 数控线切割加工[M]. 北京:机械工业出版社,2004.

[4]刘航. 模具制造技术[M]. 西安:西安电子科技大学出版社,2006.

[5]陈前亮. 数控线切割操作工技能鉴定考核培训教程[M]. 北京:机械工业出版社,2006.

[6]王先逵. 机械制造工艺学[M]. 北京:机械工业出版社,2002.

[7]任端阳. 数控电火花加工实用技术[M]. 北京:机械工业出版社,2007.

[8]周湛学,刘玉忠. 数控电火花加工及实例详解[M]. 北京:化学工业出版社,2013.

[9]郭永丰,白基成,刘晋春. 电火花加工技术[M]. 哈尔滨:哈尔滨工业大学出版社,2005.

[10]曹凤国. 电火花加工[M]. 北京:化学工业出版社,2014.

[11]李长河,修世超. 磨粒、磨具加工技术与应用[M]. 北京:化学工业出版社,2012.

[12]刘朝福. 模具制造实用手册[M]. 北京:化学工业出版社,2012.

[13]张霞,初旭宏. 模具制造工艺学[M]. 北京:电子工业出版社,2011.